今日から
モノ知り
シリーズ

トコトンやさしい

土木施工の本

土木施工は、安全性、コスト、工期、構造形式、使用材料、環境条件など様々な因子によって成り立っています。本書では土木施工に影響を与えるそれらの因子に着目し、トコトンやさしく解説します。

溝渕利明 著

B&Tブックス
日刊工業新聞社

はじめに

大学で学部2年生以上を対象に、コンクリート工事の施工の手順や、各種コンクリートを用いた施工における特徴などを講義する科目を受け持っていますが、2年生科目で、しかも選択科目ということで、例年受講する学生は十数人程度と少ない状況が続いています。私がこれまで経験してきた土木工事の面白さやスケールの大きさを学生たちに伝えたいと思っているのですが、中々伝えることができないでいました。そんな時、この土木施工の本の出版の話をいただきました。広く一般の方たちに土木施工の凄さやスケール感、面白さを知ってもらえる良い機会と思い、二つ返事で引き受けました。もちろん、講義の教科書としても使いたかったのですが、土木業界をこれから目指そうとする人たちや土木工事に興味のある人たちにも読んでもらいたいと思っています。

土木施工に関する書籍は、それこそ山のようにあります。どのような切り口の本にしたら良いか悩みましたが、工事において施工方法などがどのようにして決まるのかを考えた時、安全性はもちろんですが、工事費や工期で決まるだけではなく、どのような構造形式なのか、どのような材料を用いるのか、どのような環境条件で工事が行われるのかによって大きく変わります。このように様々な要因によって施工方法は変わりますが、これまでこのような内容で施工について書かれた書籍はあまり見かけたことがなかったので、「〜によって施工が変わる」をキーワードにして本の執筆を行うことにしました。

私は、大学を出てから17年間建設会社に勤務し、その在籍期間の大半は研究所勤務でした。

本社プロジェクトによる技術開発や現場からの技術的な支援対応、トラブル処理などに携わり、月の半分以上は色々な現場を飛び回っていました。現場から研究所に戻ると、旅費の精算と報告書の作成、次の出張伺いを書いて、現場に向かうという生活を送っていました。もちろん、その合間に研究開発も行っていたので、20代、30代はほとんど休む暇がありませんでした。今ではとても考えられないような職場環境ですが、当時は「24時間働けますか？」という言葉がコマーシャルで流れるような時代でしたし、バリバリ働けるのが一種のステータスのような時代でした。この時の様々な経験があったからこそ、今の自分があると思っています。

学生時代は、あまり人と接することが得意ではありませんでしたが、会社に入って色々な現場に行って、工事事務所の所長や幹部の方たちと打合せをするだけでなく、事業者の方たちへの説明や協議を行う必要がありました。一方で、現場の作業員の方たちともコミュニケーションをとる必要がありましたので、立場や年齢に関係なく自然と人に接することが苦でなくなりました。

日本全国の現場を飛び回ったおかげで、会社を辞めるまでに沖縄県を除く都道府県全てに足を踏み入れました（大学に移ってからは、共同研究や学会の取材などで毎年沖縄に行くようになりました）。とはいっても、現場に行って打合せや立会などをしたら、そのまま帰京していましたので、全国津々浦々行った割には、各地の名所旧跡はほとんど知らないという有様でした。入社してから10年目で念願のダムの建設現場で約3年間仕事をすることができました。日々ダムが出来上がっていくのを目の前で見られるのは、土木屋としてこの上ない喜びでした。苦労も沢山ありましたし、寝る時間もないほどの忙しい現場でしたが、この現場での経験はその後の仕事に大いに役立ちました。

大学に移ってからも、建設会社でお世話になった方たちや事業者の方たちから共同研究や委託研究の依頼があり、学生たちを連れての現場実験やフィールドワークを行うことができました。

学生たちにとっては、土木現場を目のあたりにすることができるだけでなく、自分たちの研究がその工事の施工に生かされていることを体感できる良い機会となりました。ある時、ダムの温度応力解析結果を報告するために、修士の学生とインドネシアのダム現場まで報告に行ったことがあります。飛行機を乗り継いで、1日近くかけて建設現場の島まで行ったことは今でも良い思い出です。ただし、帰りは現場から日本に向かう飛行場まで行く飛行機（現場がある島は大きくて飛行場まで行く事業者の専用飛行機がありました）が事業者で満席となってしまって乗ることができず、道なき道を走る地元の夜行バスで12時間近くかけて移動したのはさすがに大変でした。また、土木学会の編集委員をしていた時には、取材で全国の工事現場に行く機会があり、最先端の施工技術などを見学することができました。

本書には、施工とは少し異なるかもしれませんが、前述したような現場での経験談や現場の方たちから聞いた話などを所々に書いています。コラムについては、それまでの施工方法を大きく変えた人物を取り上げました。施工は、様々な要因が絡み合って行われています。本書が土木施工の参考の一助になれば幸いです。

2023年12月

溝渕　利明

目次 CONTENTS

第1章 土木施工は変幻自在

第2章 材料で施工が変わる

第3章 構造・設計で施工が変わる

第4章 工事の流れによって施工が変わる

第5章 場所や環境で施工が変わる

第6章 道具（機械）で施工が変わる

第7章 データで施工が変わる

第8章 土木施工は日々進化していく

第1章

土木施工は変幻自在

1 土木施工は切盛りと組立が基本

土木施工の基本は無駄なく安く行うこと

土木施工とは何なのかを考えた場合、その言葉の意味をまずは考える必要があります。「土木」という言葉は平安時代から使われていたようですが、その言葉の由来には諸説あります。その中で、中国の古い書物「淮南子《えなんじ》」の第十三巻に書かれた「築土構木《ちくどこうぼく》」という話から採ったという説が有力です。土を築き（版《はん》築《ちく》のように土を突き固める）、木を用いて家を建てるという言葉に「築土構木」が用いられていたため、この言葉から土木という名前にしたといわれています。確かに、江戸時代までは土木の構造物の多くが木と土と石でできていました。現在では、土木の構造物の多くが鉄とコンクリートと土でできているので、土木というよりは鉄コンという言葉のほうがしっくりくるかもしれませんが、言葉の由来から「土木」といったほうがよいと思います。

次に、「施工」ですが、設計図書（構造物を造るための仕様や設計図、条件などが記されたもの）をもとに所定の要求性能を満足できるように構造物を構築する行為といえます。施工を行う場合、必ずといっていいほど基礎工事を行います。構造物を構築するために、地面を平らにしたり、高いところを削ったり、低いところに土を盛ったりします。土木の世界ではこれを「切盛り」といいます。

以前、会社の先輩から「店の切盛り」は土木の切盛りからきていると聞いたことがあります（諸説あり、食べ物を切って器にうまく盛り付けるという説もある）。

削ったりした土を遠くまで持っていくと時間もコストもかかります。現場内で埋め立てに使えれば移動も少なく無駄も減ります。無駄を省いて効率よく行うのは経営の基本ですので、現場での土量管理（土の切盛り）と通じるところがあります。

土木施工は、安全や品質を確保して工事を行うことが第一ですが、この土の切盛りのようにできるだけ無駄なく安く行うことも重要であるといえます。

要点BOX

- ●土木の由来は「築土構木」
- ●土木施工は基礎工事が必須
- ●土の切盛りは経営の基本

道路工事での切盛り

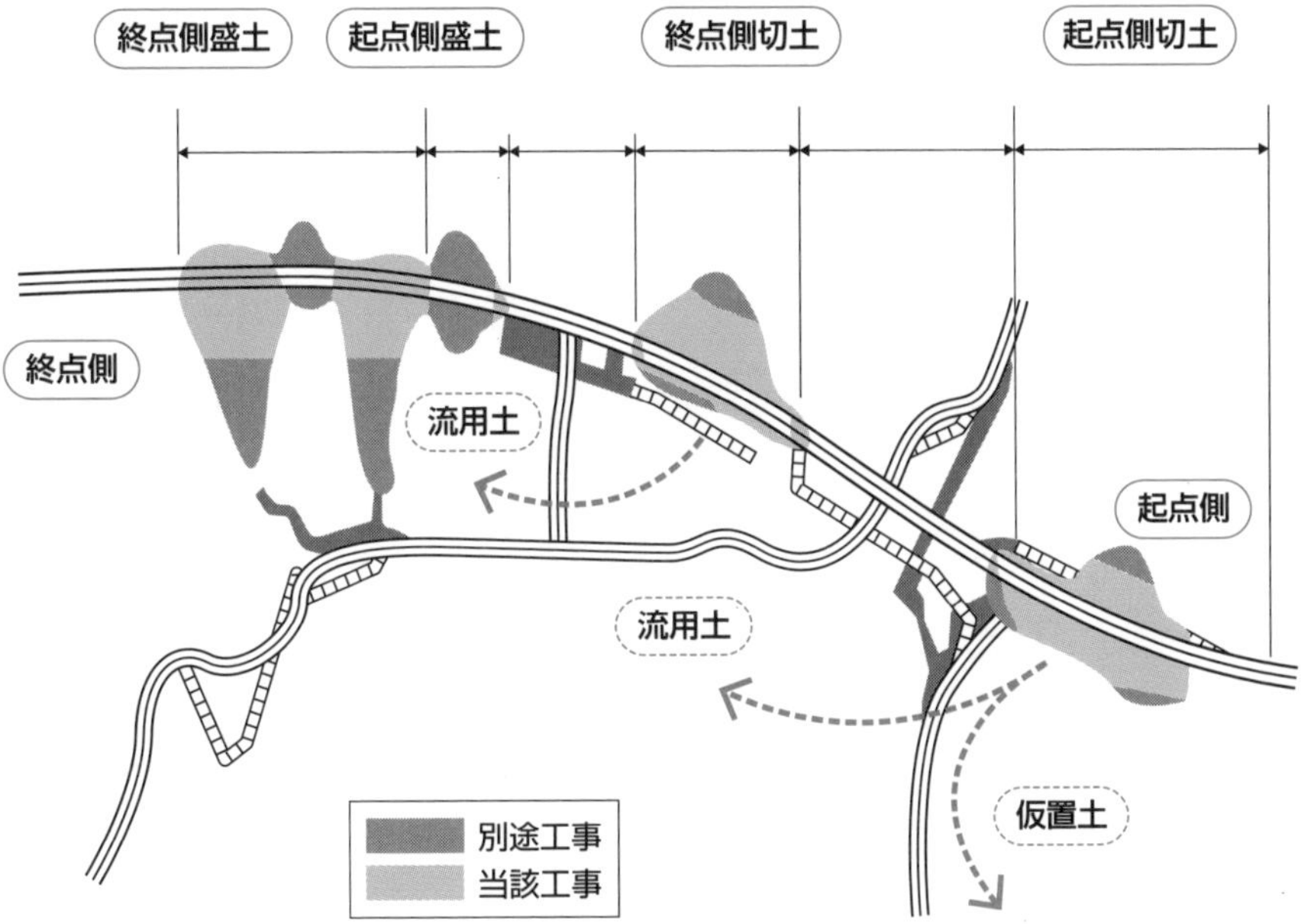

土の切盛り

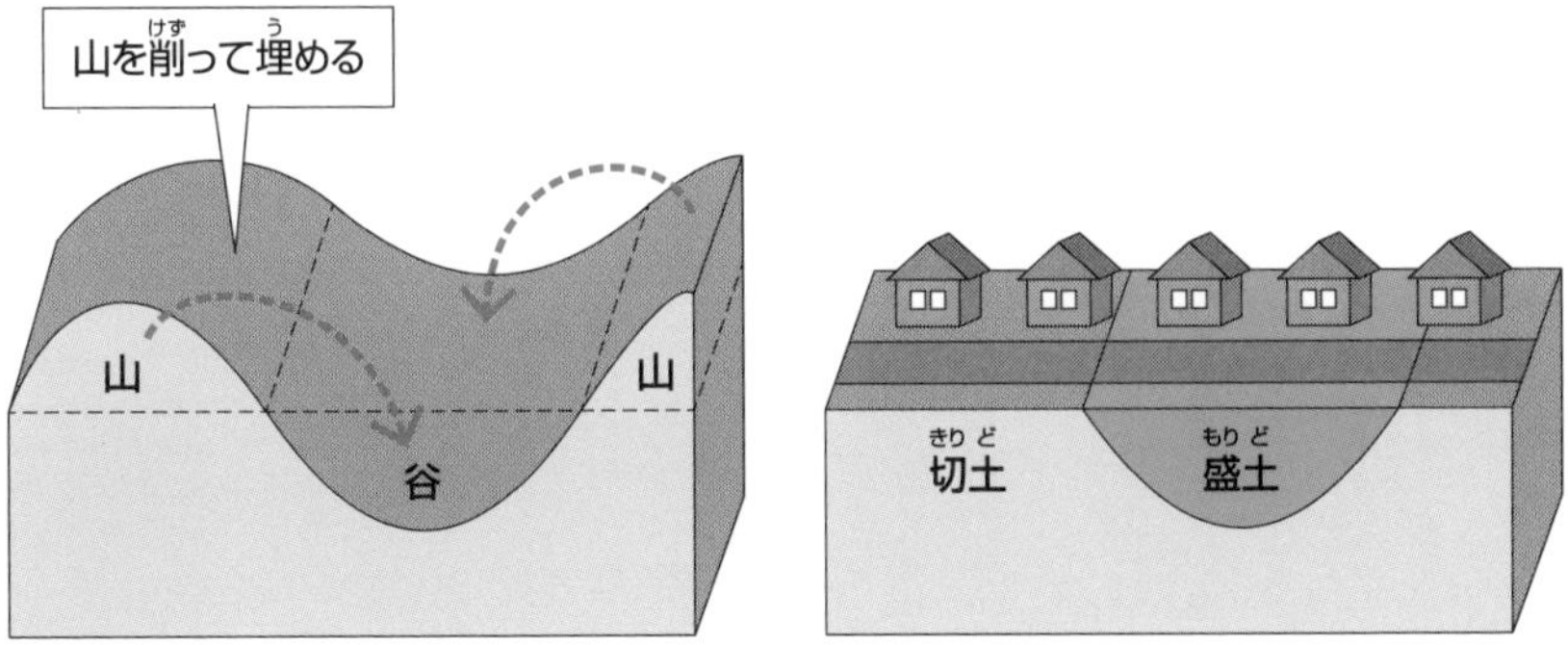

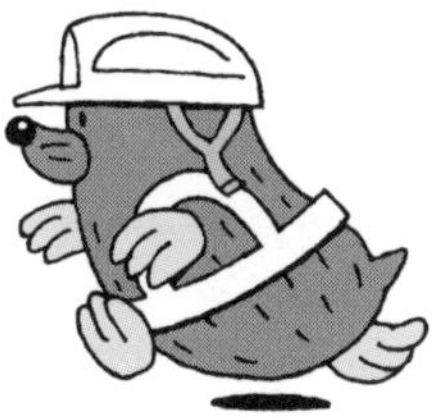

2 土木施工はいろいろな要因で変化する

土木構造物が一品ものといわれる由縁

構造物を構築するためには、設計図書をもとにしてその構造物の要求性能を満足するための材料や施工方法を、建設場所の環境条件や地盤条件などを考慮して決めていく必要があります。もちろん、工期や予算がありますので、それらを守りながら工事を進めていく必要があります。例えば、ほぼ同じ規模の構造物を建設するのに、冬場に多くの雪が降る地域と1年中比較的温暖な地域では、冬期の施工のやり方が大きく異なる場合があります。雪の多い地域では、冬の間工事を休止する場合があります。もちろん温暖な地域と同じように行うこともできないことはありませんが、冬場の対策として構造物自体を覆ってしまうような囲いを設けて、気温が氷点下となる時期にはその囲いの中の温度を高くし、コンクリートの温度が下がりすぎないようにしたり、寒さで作業する場所が凍結して作業する人が危険にならないようにしたりする必要があります（寒中対策）。そうなると、構造物を覆う囲い（仮設）や温度を上げるための燃料代などがかかってきます。例え工期が長くなっても工事予算を抑えることができるのであれば、冬場の工事を休止するのも工事のやり方としてはあり得るのです。

他にも、工事での振動や騒音などの周囲の環境に影響を与えるような場所（例えば住宅街など）で施工する場合、例え工期が早くて費用も安くできる施工法があったとしても、極力騒音や振動の少ない建設機器を選択する必要があります。

このように、構造物を構築するための施工のやり方は同じ規模で同じ構造形式であっても、建設する場所や工期、予算などによって全く異なるのです。土木構造物や建築物はよく、一品ものであるといわれますが、それは構造物の形状だけでなく、その構造物の建設の方法（施工法）も1つとして同じものがないからなのです。

要点BOX

- ●建設場所によって施工法は大きく異なる
- ●周辺環境によって施工法は大きく異なる
- ●建設の方法は1つとして同じものはない

橋梁工事の寒中施工

出典:金森真一他
「北海道横断自動車道 朝里川橋の施工」、
技報第15号、2017、株式会社ピーエス三菱

雪囲い

寒い場所は雪囲いをして施工する

出典:深瀬孝之「寒中コンクリート工事における地域特性を考慮した合理的な施工計画方法に関する研究」、
室蘭工業大学、2020

暖かい場所では冬場でも
覆いをしないで施工できる

3 土木施工に大きく関わる計画

施工計画の良し悪しで構造物の出来が変わる

　何もない荒野の真ん中に新しい街を造ろうとする時、どんな理念を持って街づくりをするのかは非常に重要なことです。例えば、緑豊かな街にするためには、当然遠い場所から水を運んでくる必要がありますし、人々が生活するためのライフラインを造る必要があります。そのための電気やガス、通信網などのインフラをどのように整備していくかを計画していく必要があります。

　また、どれくらいの街の規模にするかによって病院や学校などの施設の規模も変わります。さらに、その街まで行くための交通手段（その街に行くための道路整備だけでなく、街の規模によっては鉄道などの公共交通機関の整備も必要となる）や物流施設の整備なども必要となります。もし、これらを無計画に行き当たりばったりで施工を始めたら、無秩序な街が出来上がるばかりでなく、生活に必要な上下水道がない場所ができたり、人口の増加に対応できるインフラの整備ができなかったりするのです。

　他方、周囲の環境に配慮せず造成や道路などの建設を行っていくと、周囲の自然を破壊するだけでなく、大雨による洪水被害や土砂崩れなどを引き起こす可能性もありうるのです。施工は、計画に沿って設計されたものを実際の形にしていくものです。建設技術の進歩によって、これまでできなかった構造物や街を造り上げていくことができます。そのためには、前述した「緑豊かな街」のようにどんな理念（理想）をもって建設に当たるかが非常に重要であり、計画の良し悪しによって私たちの将来を大きく変えてしまうことだってあるのです。

　土木の使命は、人々の生活をより豊かにしていくことであり、安心・安全に過ごせる施設やサービスなどを提供し、管理していくことです。それらを具現化していくためには、綿密な計画とそれを具現化できる施工技術が必須なのです。

要点BOX

- ●施工計画をどう具現化するかが重要
- ●計画立案の良し悪しで工事の進捗が変わる
- ●計画あっての設計・施工

砂漠のど真ん中に突如と現れたラスベガスの街

LAS VEGAS
土木作業員の
憩いの場だった
のかなぁ

ラスベガスの街を支えているフーバーダム

4 土木施工を大きく左右する工期と費用

工事の規模は工期と費用で決まる

土木分野で取り扱うダムや橋、道路や堤防などの構造物の多くは、インフラストラクチャと呼ばれる公共構造物です。その財源の多くは、皆さんの税金です。令和５年度の国の予算約１１４兆円のうち、公共事業関係費は６・０５兆円で全体の予算の約５・３％です。これが多いのか少ないのかはわかりませんが、多くの税金が主にインフラの整備に充てられているのは事実です。この他にも高速道路関連の事業費が約２・９兆円、鉄道関連の設備投資が約２・３兆円ありますので、毎年11兆円を超えるお金がインフラの整備に使われていることになります。

一方、これらのインフラ整備にはどれくらいの期間を要しているのかというと、例えば新東名高速道路（神奈川県海老名市～愛知県豊田市、建設予定延長２５３・２㎞）の事業が立ち上がったのが１９８０年代後半で、全線開通は２０２７年を予定していることから、実に40年近くかかっていることになります。事業費は約４兆４０００億円になるといわれているので、年間平均して１１００億円のお金が投じられていることになります（１㎞で約１７３億円）。また、堤高が１００ｍクラスのダムの場合、計画から完成までに30年～40年かかるといわれています。ダムの本体工事だけでも数年～10年程度かかります（最近は急速施工できるようになって30年前の約半分の工期でできるようになっています）。事業費は、数千億円で本体工事だけでも数百億の費用がかかります。

もちろん、工事費用を増やせば工期が短くなるかというと一概にはそうなりません。また、施工技術の進歩によってコスト縮減や工期短縮を図ることはできますが、だからといって実績のない新技術を導入して思わぬトラブルに遭遇するリスクもあります。何よりコスト削減や工期短縮のために工事従事者に大きな負担（過酷な労働条件や長時間労働）を強いるのは本末転倒といえます。

要点BOX

- ●施工技術の進歩が工期を短くする
- ●インフラの整備には時間がかかる
- ●工事規模に応じた適切な工期と費用

工期・建設費曲線

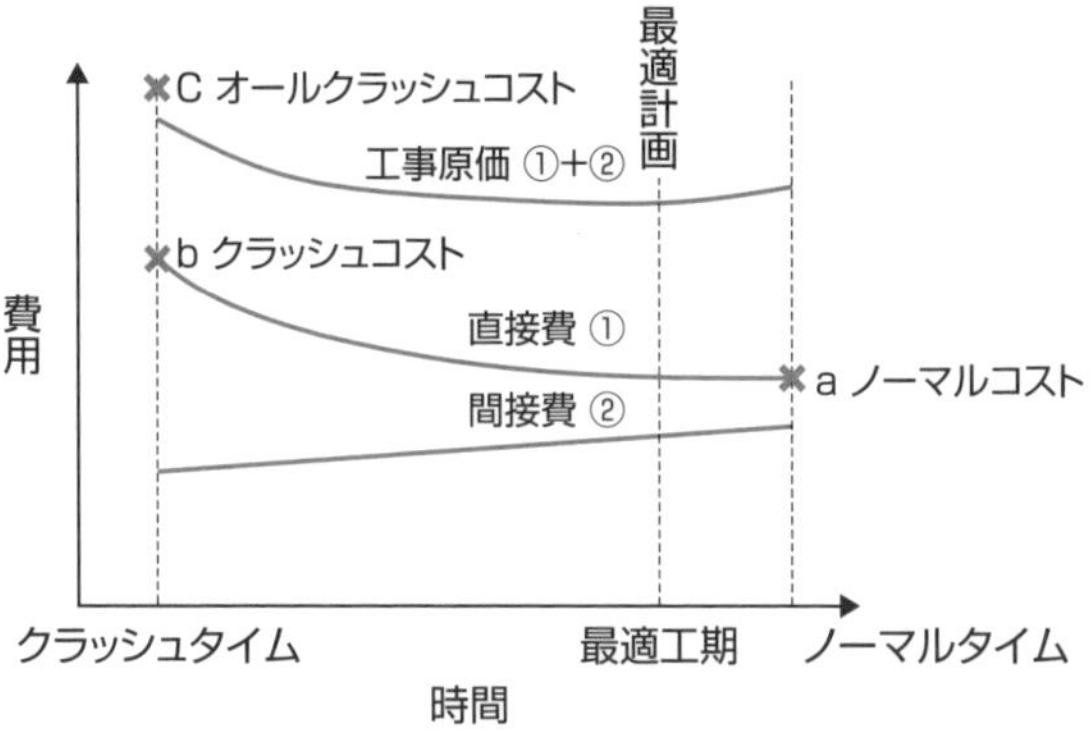

出典:小櫃一巳、福山雅典、小澤一雅「コスト・工期を考慮した工程計画に関する一考察」、建設マネジメント問題に関する研究発表・討論会講演集第19回、2001、土木学会

費用と工期が異なる様々な技術

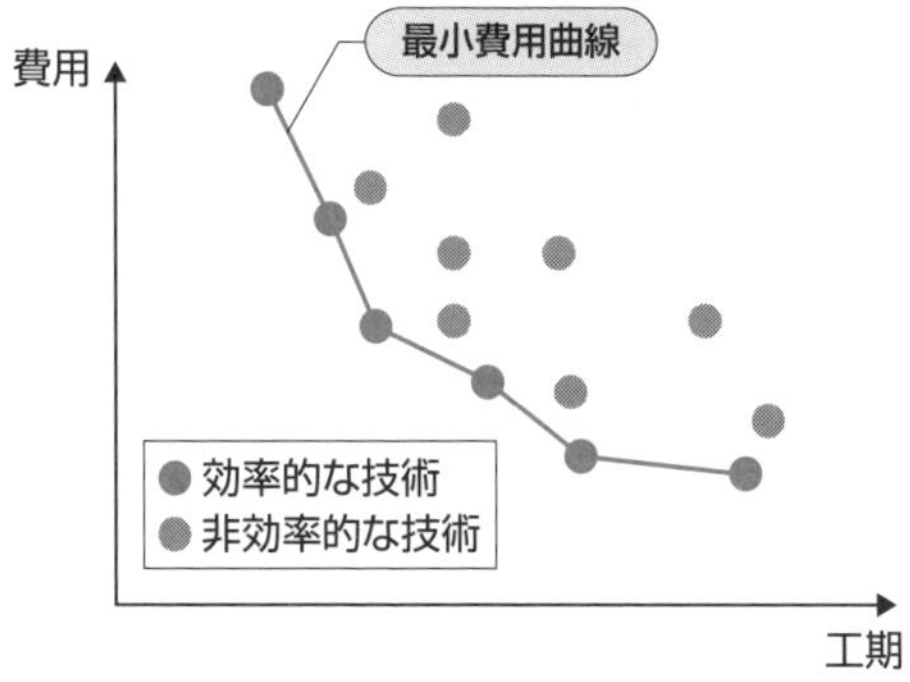

出典:小路泰広「建設工事の費用と工期に対する契約構造の役割のモデル分析」、建設マネジメント研究論文集Vol. 9、2002、土木学会

技術と採算を考慮した入札行動

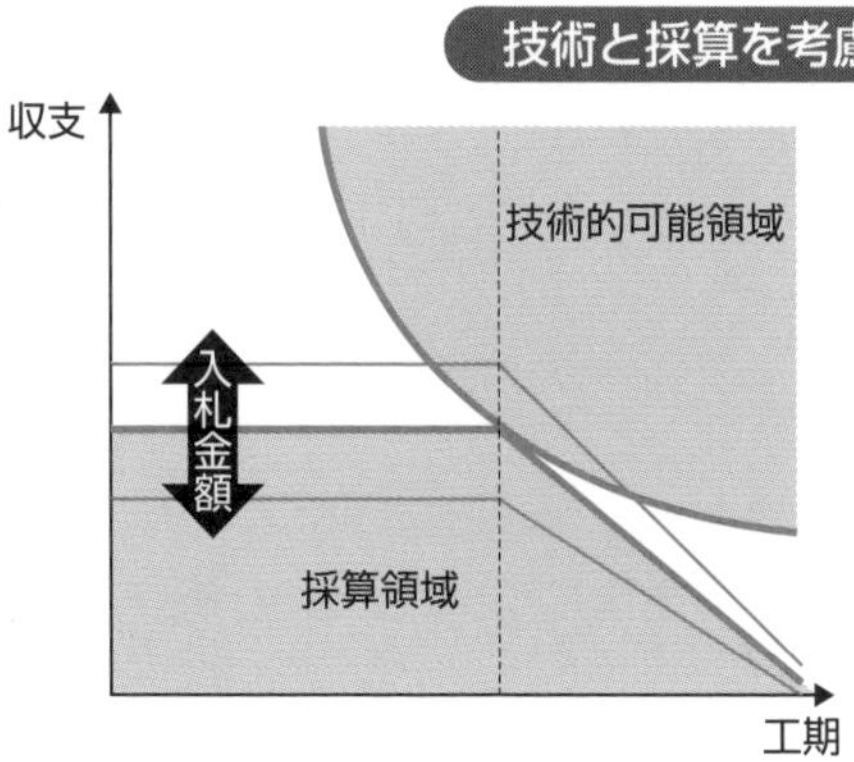

出典:小路泰広「建設工事の費用と工期に対する契約構造の役割のモデル分析」、建設マネジメント研究論文集Vol. 9、2002、土木学会

5 施工を大きく左右する材料の選択

適切な材料を選ぶことが工事を成功に導く鍵となる

工事を行うに当たって、建設場所の地盤が軟弱なのか非常に硬い岩盤なのかによって施工法は全く異なります。軟弱な地盤の上に構造物を構築するためには、例えば支持地盤まで杭を挿入する施工を行うのが一般的です。一方、硬い岩盤の場合であれば直接その上に構造物を構築することができますが、そのためには岩盤を掘削して平らにする必要があります。このように対象とする基礎地盤1つとっても施工法は大きく異なります。

工事に用いる建設材料においても、例えば橋梁の建設の場合、鋼橋とするのか鉄筋コンクリート橋（ＲＣ橋）とするのかプレストレストコンクリート橋（ＰＣ橋）にするのかによって使用材料は異なります。部材断面が大きくなるＲＣ橋であれば、使用するセメントの硬化時におけるセメントの水和熱を抑制するために、低発熱のセメントを用いることがあります。

他方、ＰＣ橋の場合には、プレストレスを早期に導入するために、普通ポルトランドセメントや早強ポルトランドセメントが用いられます。また、プレキャスト部材を用いた場合には、架設方法自体もＲＣ橋とＰＣ橋では異なります。当然、使用する機材も異なることになります。

ダムの建設においても、使用する材料がコンクリートなのか、土と岩なのか、土のみかによってダムの構造形式も使用する建設機械も異なります。コンクリートダムであってもその規模や施工法によって、ケーブルクレーンを用いるのかダンプ直送とするのかクローラクレーンを用いるのか運搬方法自体も異なります。

建設場所の環境条件によっても使用する材料は異なります。寒冷地での冬期の施工では、混和剤として防凍剤を用いる場合がありますし、暑中時では遅延剤を用いる場合があります。施工条件に則した適切な材料選択が工事を成功させる秘訣といえます。

要点BOX

- ●基礎地盤の状況で大きく変わる施工法
- ●構造形式の違いで使用材料が大きく変わる
- ●環境条件で使い分ける材料

プレキャスト工法による橋梁架設

出典：一般社団法人プレストレスト・コンクリート建設業協会
ウェブサイト「技術情報」

地盤条件によって異なる施工方法

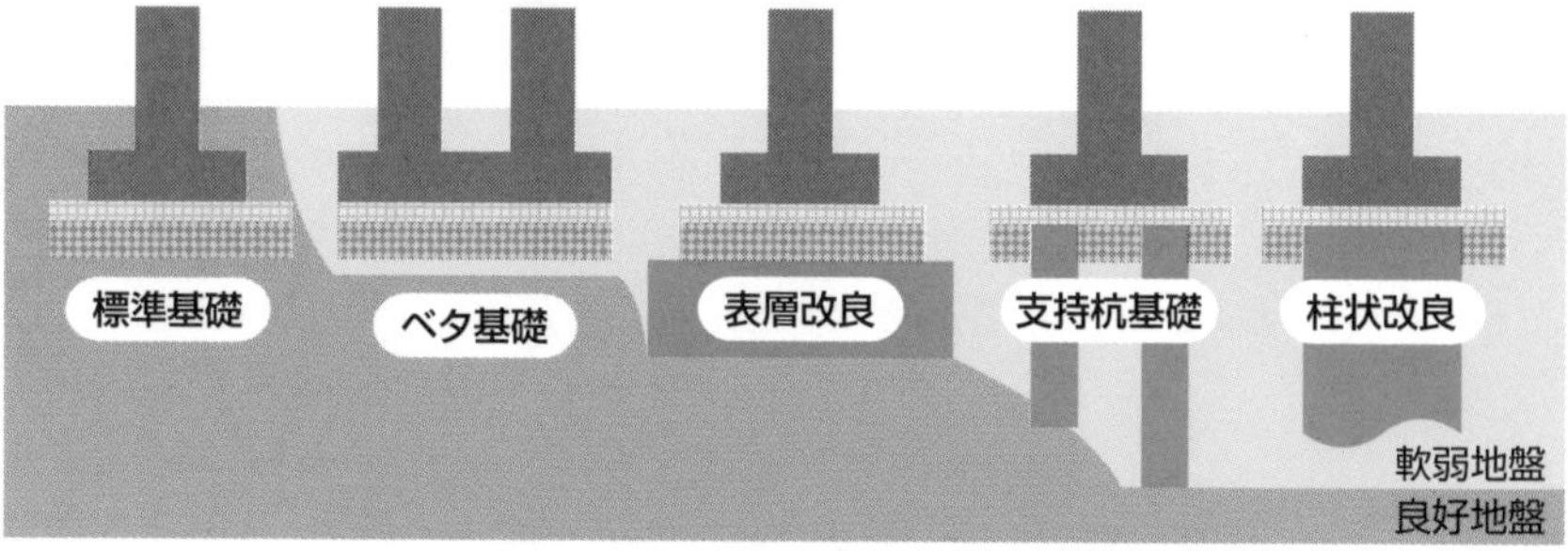

材料、構造形式によって異なるダムの種類

主にコンクリートでできている

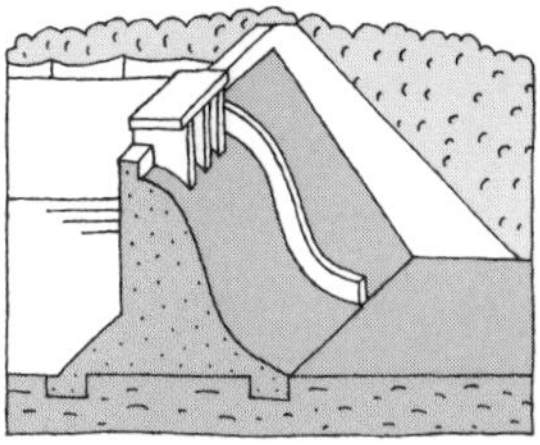

重力式ダム

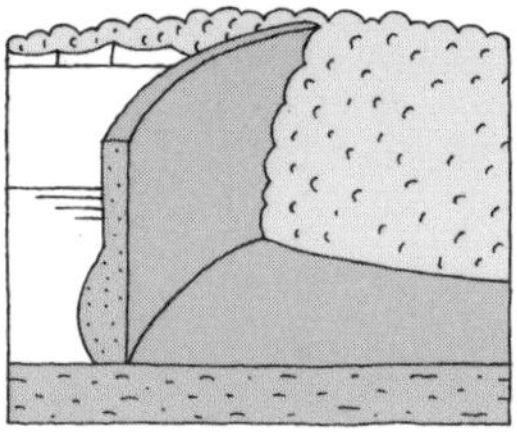

アーチダム

パットレスダム

主に土や岩でできている

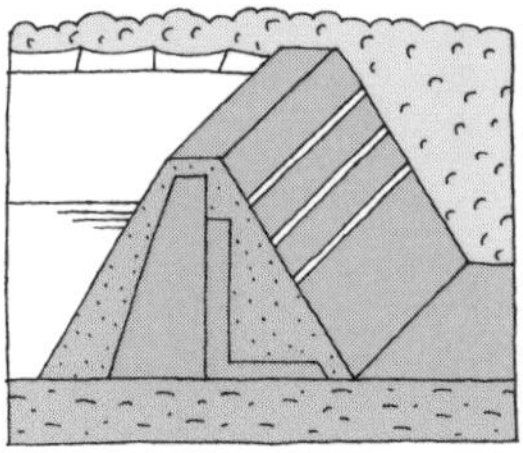

アースフィルダム

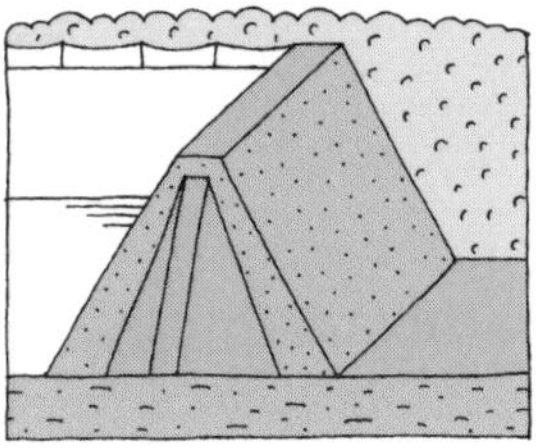

ロックフィルダム

6 施工を大きく左右する道具（機械）の選択

適切な建設機械を選ぶことが工事のコストと工期の短縮につながる

「最後の宮大工」といわれた西岡常一氏は、法隆寺の金堂の再建に際して、建設当時の柱や梁の肌触りを再現するために、500年以上前に使われなくなった槍鉋《やりかんな》の復元を行っています。槍鉋の使用は、単に肌触りだけでなく、電動式の鉋等で表面を削ってしまうと木材の組織（細胞）を痛めてしまうのに対して、槍鉋は木の繊維に沿って削ることから、電動のものに比べて長持ちするのです。道具1つで耐久性の向上を図ることができるのです。もちろん、施工の手間はかかりますが、何を目的にするのかによって使用する道具（機械）も変わります。

戦後のコンクリート工事における施工法は、高度経済成長期において大きく変わっていきました。大量・急速施工を行うために、戦後間もなく登場したレディーミクストコンクリート工場において、コンクリートが製品として大量に製造されました。それを現場まで運ぶために、トラックアジテータ車が開発され、現場内の運搬には戦後西ドイツから技術導入したコンクリートポンプが用いられました。これにより、大幅な工期短縮を図ることができたのです。

一方で、生コンの品質確保（製造時での強度確保、ポンプ圧送時の閉塞の回避）の観点から、セメントや水が増加し、コンクリートの耐久性が以前に比べて低くなったといわれています。戦後の日本に導入されたこれらの施工のための道具（建設機械）は、それまで、現場のミキサでコンクリートを製造し、多くを人力で打込み場所まで運び、竹竿で突いて締固めていたのに比べて、日本の経済復興に大いに役立った反面、コンクリート自体の長期品質の低下を招く一因にもなったのです。

「弘法筆を選ばず」ということわざがありますが、施工においては、適切な道具（建設機械）を選ぶことは非常に重要であり、完成後の構造物の品質に大きく左右するのです。

要点BOX

- ●生コン車とポンプ車は高度経済成長を支えた
- ●目的に応じた建設機械を選定することが重要
- ●施工だけでなく品質重視も考慮した機械選定

国産初のコンクリートプラント

出典:機会部会　コンクリート機械技術委員会
「コンクリート機械の変遷」、建設機械施工　Vol.71 No.11
2019.11、日本建設機械施工協会

国産初のトラックアジテータ車

出典:株式会社サクラHP「生コン車の歴史」

国産初のコンクリートポンプ車

出典:機械部会　コンクリート機械技術委員会
「コンクリート機械の変遷(4)」、建設機械施工　Vol.66 No.6
2014.6、日本建設機械施工協会

7 施工を大きく左右する構造形式の選択

同じ構造物であっても構造形式が違えば施工法も変わる

隅田川には、様々な構造形式の橋梁があります。そのいくつかは、関東大震災後の復興事業として架橋されたものです。

復興事業であれば、同じ形式の橋を架けたほうが、設計の手間や施工の手間（材料の調達、仮設に用いる建設資材など）が大幅に低減できたのではないかと思われます。しかしながら、復興局橋梁課長であった田中豊氏、復興局土木部長の太田圓三氏の言説などによれば、地形（架橋位置の地盤高、桁下空間の建築限界、橋台部の土地の広狭など）を勘案して構造形式を決めたようです。また、トラス橋ではなく鈑桁橋《ばんげたきょう》とし、下路形式を前提として型式検討を行ったようです。永代橋や清洲橋は、帝都の玄関口であり、それなりの形式を持った橋梁にしたこともあったのかもしれません。

いずれにしても、同じ川であっても架橋する場所の地形や地質、環境条件などから構造形式は必ずしも一致しないのです。

また、スパン長や桁幅、荷重（例えば、人だけが通るのか、車なのか鉄道のような重量物が通るのか、風が強いところなのかなど）の違いによって構造形式が変わるので、施工方法も変わります。施工しようとする橋の種類（桁橋、トラス橋、アーチ橋、ラーメン橋、吊橋、斜張橋など）、材料（木製、鋼製、石やレンガ、コンクリートなど）によっても構造形式は異なりますし、施工法自体も大きく異なります。

トンネルの工事においても、環境条件や地盤条件によって構造形式、施工方法（シールド工法、ＮＡＴＭ工法、開削工法、沈埋工法など）が異なります。特に、地山の状態や土被り（地上からの深さ）、掘削していく地盤の硬さなどによって施工方法は変わります。

土木構造物はよく一品ものといわれますが、様々な環境条件、施工条件を考慮していくと同じ構造形式のものを造ること自体難しいのかもしれません。

要点BOX

- 環境条件、要求品質で構造形式は変わる
- 構造形式が違えば施工条件も異なる
- 土木構造物は一品もの

橋の種類（構造形式）

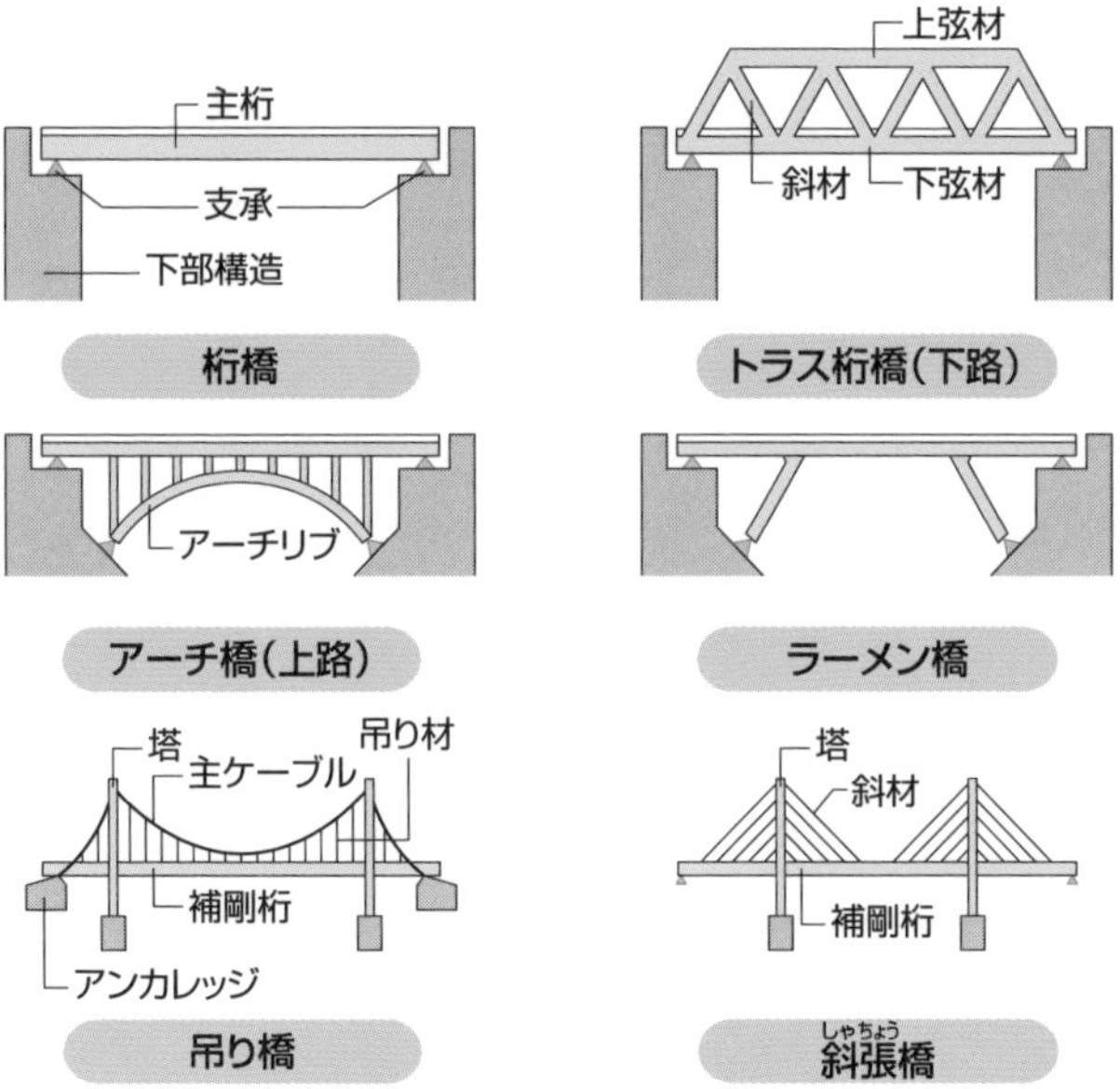

出典:株式会社長野技研HP「橋梁の基礎知識」

トンネルの種類（構造形式）

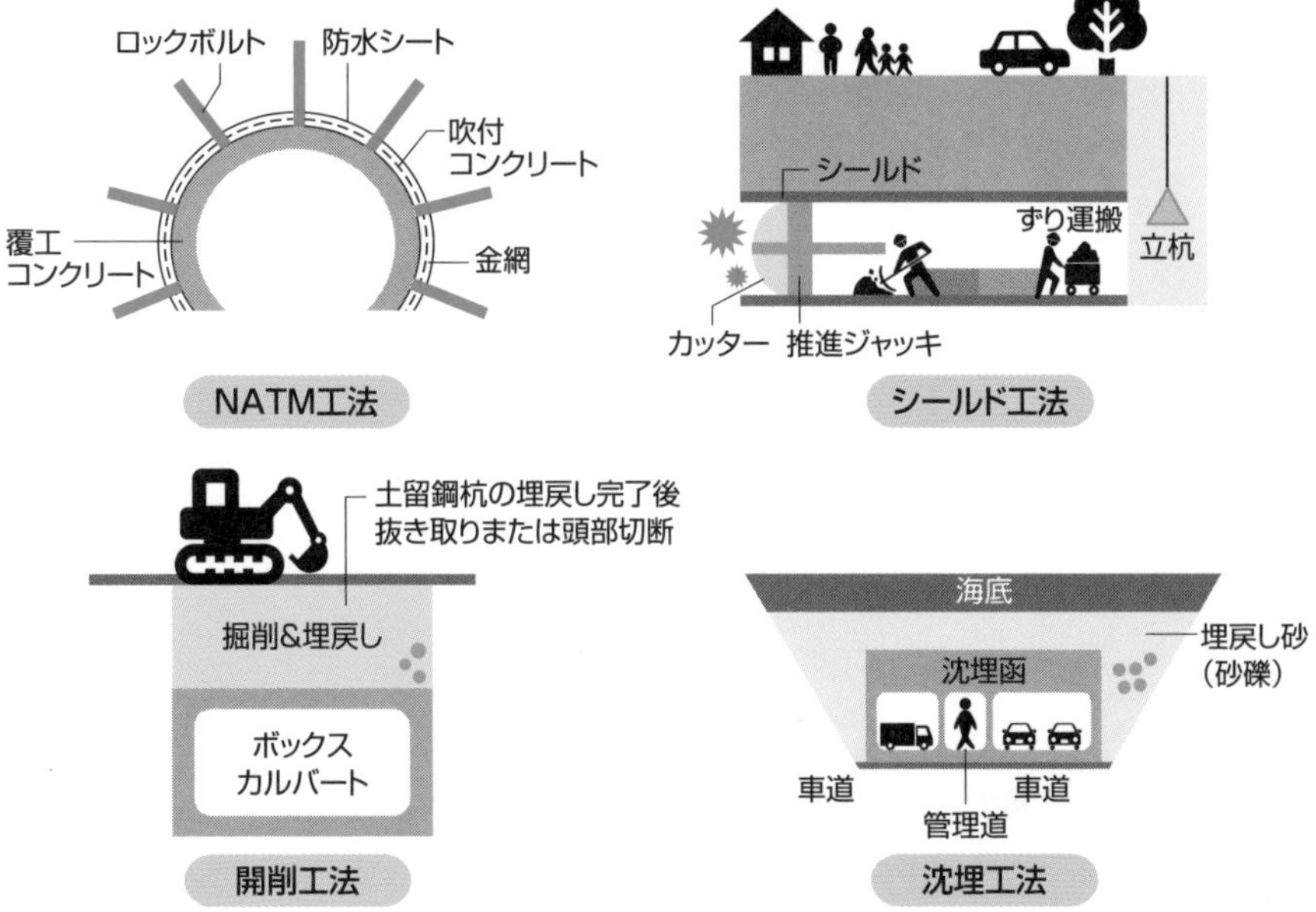

出典:谷口理美、土木LIBRARY（https://chansato.com）

8 施工を大きく左右する環境条件（建設場所）

構造物をどこに造るかによって施工法は変わる

　明石海峡大橋は、本州（兵庫県神戸市垂水区東舞子町）と淡路島（兵庫県淡路市岩屋）を結ぶ吊橋です。2022年に完成したトルコのチャナッカレ1915橋ができるまで、世界最長の吊橋でした。明石海峡大橋は、神戸側と淡路島側の両岸にアンカレッジがあり、2本の主塔は海中部（水深約50m）、地上部298・3mからなります。神戸側のアンカレッジは地盤条件があまりよくなかったので、直径85m、深さ63・5mのケーソン基礎部（地中連続壁による地下部分）と長さ84・5m、幅63・0mの躯体部が一体となったものです。一方、淡路島側は基礎地盤がよいことから直接基礎となっています。同じ橋梁基礎であっても地盤条件（建設場所）によって全く異なる基礎構造となっており、当然施工方法も異なります。主塔の海中基礎は、直径80m、高さ70m、基礎の堤体積が35万m^3ある直接基礎で、海底地盤を支持面まで掘削し、鋼製のケーソンを掘削面に設置後、ケーソン内部に水中コンクリート（水中不分離性コンクリート）を打ち込んでいます。主塔の海中基礎は、陸上で建設されたアンカレッジとは全く異なる施工法を用いています。同じ構造物であっても、対象となる部位の環境条件や地盤条件が異なれば、使用する材料も施工法も大きく異なります。

　日本は、東西南北に細長い形をした島国であり、平野部が3割ほどで多くが海に面しています。したがって、同じ形式の構造物を構築する場合でも北と南（例えば北海道と沖縄）では、暑中時（夏場の暑い時期で日平均気温が25℃以上となるような時期）と寒中時（冬場の寒い時期で日平均気温が4℃を下回る時期）での施工方法が大きく異なります（そもそも沖縄では日平均気温が4℃を下回ることはありません）。また、人口密度が比較的高い平野部と比較的人口密度が低い山間部では、施工方法も施工時の騒音・振動対策も異なる場合があります。

要点BOX

- ●陸と海では、施工法が大きく異なる
- ●季節によって施工のやり方が異なる
- ●街の中と山の中では施工法が異なる

明石海峡大橋（手前が淡路島側）

日本列島

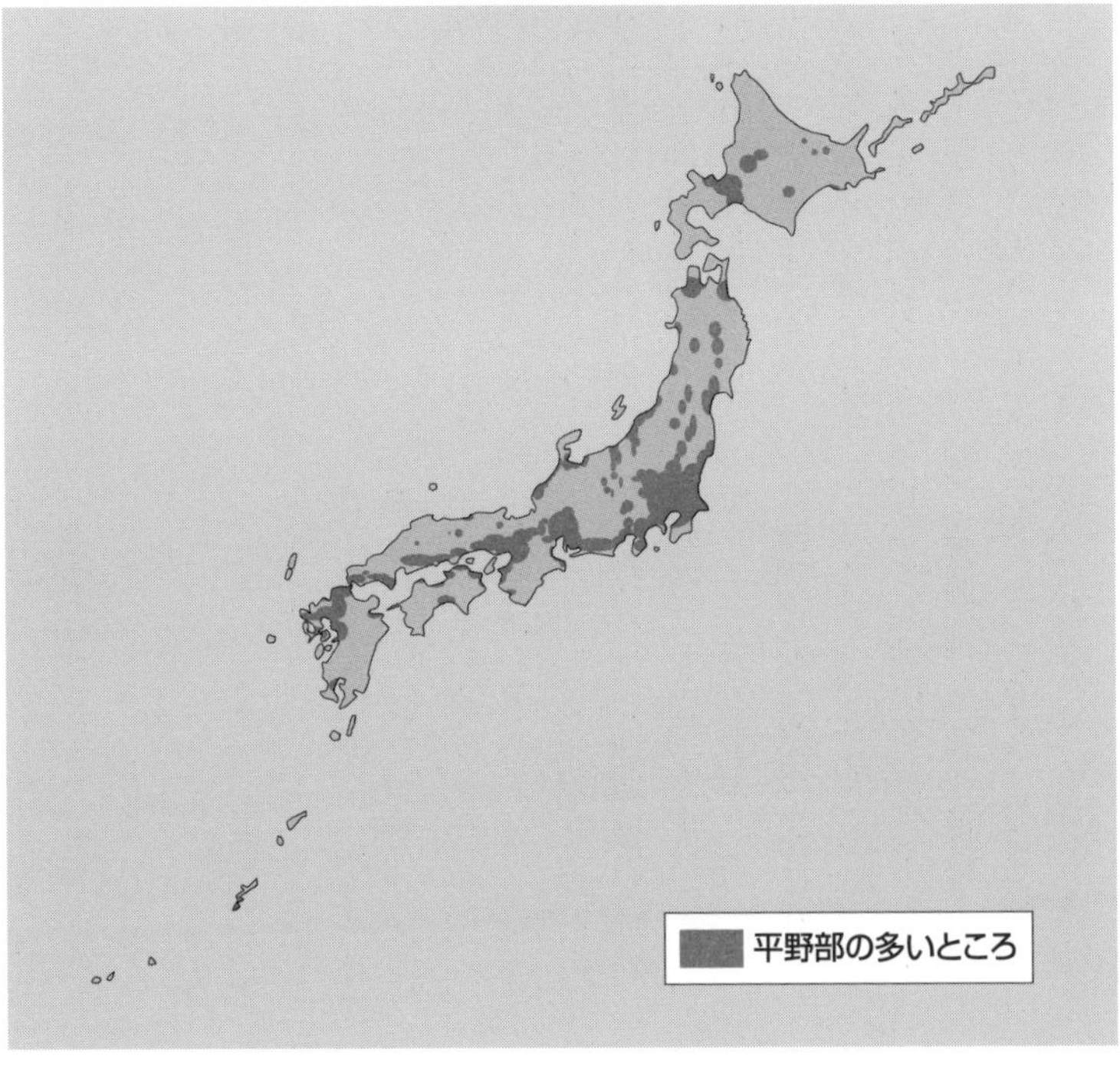

Column

ウィトルウィウス

　ウィトルウィウスは、日本でいう建築家（海外であれば土木技術者）であり、建築書の著者であること以外、出生年や没年もはっきりしていない人物です。ただし、彼はガイウス・ユリウス・カエサル（共和政ローマ末期の政務官（紀元前100年頃・紀元前44年）およびアウグストゥス（初代ローマ皇帝（紀元前63年－紀元14年））に仕えており、今から2000年以上前の人物のようです。

　ガイウス・ユリウス・カエサルは、ローマ帝国の礎を築いた人物であり、ポンペイウス（三頭政治を行ったうちの一人で、他にカエサルとクラックスがいる）との対決で、ルビコン川（ローマ本土とガリアとの境界）を渡る際にいった「賽は投げられた」は有名な言葉です。

　ウィトルウィウスは、彼らの元で攻城のための機械や橋梁建設、水道施設の建設に携わっていたようです。

　ウィトルウィウスが執筆した建築書は、ギリシア時代からの建設理論をとりまとめたもので、建物をどのようにして構築していくのか、建設に際してどのような材料を使用したらよいかなどが述べられています。

　例えば、建物を造る際には、太陽の動きからどちら向きに建てたらよいのか、風向きはどうか、湿気の多い場所なのかなど、まるで風水（古代中国の思想で、気の流れを物の位置で制御するというものであり、都市や建物などの位置の吉凶禍福を決定するために用いられてきたもの）のような内容が述べられています。

　電気や上下水道、冷暖房もない時代においては、建物をどこにどのような向きに建てるかは重要であり、建物の中の気流の流れが滞り（風通しが悪い）、不潔な空気や湿気が溜まると、健康を害して病気にもなってしまうことを説いています。

　また、建築書では建設材料学、薬学、水文学、天文学、幾何学の工学的な内容にとどまらず、音楽などにも言及しており、総合工学におけるエンサイクロペディア（百科事典）ともいうべきものです。もちろん、この本の多くの部分は城の築き方や攻城機械の作り方、武器の作り方まで軍事技術について述べられていますが、ローマ時代の建設理論を知る貴重な資料といえます。特に、ルネッサンス時代においてその当時唯一といえる古代建設理論を記した書物であり、19世紀に至るまでの建設理論に大きな影響を与えたものといえます。

第2章

材料で施工が変わる

9 セメントによって施工が変わる

使用するセメントの種類によって施工のやり方が変わる

現代社会では、構造物の多くがコンクリートと鉄とガラスとプラスティックと土でできているといっても過言ではありません。その中で構造部材として用いられている材料は、鉄とコンクリートです。コンクリートの主要材料の1つであるセメントは、ジョセフ・アスプディンが1824年に「人工石製造法の改良」と称した特許の取得がもとになっています。この特許で、ポルトランドセメントという言葉が使われており、現在ではセメントの名称として用いられています。JIS（日本工業規格）には、使用用途に応じて6種類のポルトランドセメントがあります。JISに規定されているセメントは、ポルトランドセメントの他に混合セメントがあります。日本におけるセメントの需要は現在約3800万トンで、その約7割が普通ポルトランドセメントです。また、混合セメントである高炉セメントが約2割を占めており、全体の需要の約9割がこの2種類のセメントとなっていて、一般の建設工事の大半を占めています。

一方、ダム等の大断面を有するマスコンクリート構造物の場合、セメントと水が化学反応を起こして硬化時に生じる水和発熱が部材内部に熱塊となって蓄積され、その後の放熱作用によってコンクリートにひび割れが生じる場合があります。これを「温度ひび割れ」といって、部材を貫通するひび割れを生じさせることがあります。このひび割れを抑制するために、水和熱の小さい低発熱セメント（中庸熱や低熱ポルトランドセメント）が用いられます。他方、早期に部材に緊張力を加えたいプレストレストコンクリート構造物の場合には、比較的若材齢で強度が得られる早強《そうきょう》ポルトランドセメントや普通ポルトランドセメントを用います。この他に緊急の補修工事において、数時間で普通セメントの7日強度が得られる超早強ポルトランドセメントが用いられることがあります。セメントは施工の目的に応じて使い分けられています。

要点BOX

- ●マスコンクリート構造物には低発熱セメント
- ●PC構造物には普通や早強セメント
- ●緊急工事には超早強セメント

セメントの種類

ポルトランドセメント

普通ポルトランドセメント
早強ポルトランドセメント
超早強ポルトランドセメント
中庸熱ポルトランドセメント
低熱ポルトランドセメント
耐硫酸塩ポルトランドセメント

混合セメント

高炉セメント(A種、B種、C種)
シリカセメント(A種、B種、C種)
フライアッシュセメント(A種、B種、C種)

エコセメント

普通エコセメント
速硬エコセメント

JISに規定 ↑

JISに規定外 ↓

その他のセメント

白色セメント、アルミナセメント、油井セメント、超速硬セメント
膨張セメント、コロイドセメントなど

セメントの変遷

製造技術・規格・その他	年代	セメント・混和材の種類
大蔵省土木寮建築局深川セメント工場(1824 Aspdin特許、1843セメント製造)	1873	
竪窯湿式焼成法による製造	1875	ポルトランドセメント
乾式法ホフマン輪窯による製造(小野田)	1888	
ディーチ竪窯による製造(小野田)	1900	
最初の回転窯による製造(浅野)(1896米国)	1903	
日本ポルトランドセメント試験方法制定	1905	
高炉セメント工場建設(八幡製鐵)	1913	高炉セメント(八幡製鐵)
最初の大型回転窯(小野田)		
	1916	白色ポルトランドセメント(小野田)
コットレル集塵装置(日本)		
最初の湿式回転窯(電化)	1918	
高炉セメント規格制定	1925	
湿式焼成法の本格採用(日本)	1926	
ポルトランドセメントおよび高炉セメントの日本標準規格(JES)制定	1927	
	1929	早強セメント(日本)
最初のレボール窯の設置(小野田)(1930独)	1934	低熱セメント(日本、高ビーライト系の原形)
	1936	シリカセメント(住友)
ポルトランドセメントのJES改定(普通、早強)	1938	
珪酸質混合セメントの規格制定	1941	アルミナセメント(大阪窯業、1913:仏)
工業標準化法によるJIS制定(高炉、シリカ、ポルトランドセメント)	1950	
エアークエンチングクーラー(日本)	1951	
JISに中庸熱セメントの規格追加	1953	
最初の湿式ロングキルン(徳山)	1954	
最大のロングキルン(日本)	1955	
自動式シャフトキルン(宇部)		
	1956	フライアッシュセメント(宇部)
セメント混和用フライアッシュのJIS	1958	
コンピュータによるプロセス制御(秩父)	1962	
最初のSPキルン(第一)	1963	
世界最大のSPキルン(野沢石綿)	1965	
	1966	膨張材(電化:米国PCA)
第5回国際セメントシンポジウム(於東京)	1968	
	1969	超早強セメント(住友、日本、小野田)
	1970	微粉セメント(住友)
		超速硬セメント(小野田、住友:米国PCA)
最初のNSPキルン(三菱)	1971	
超早強セメントのJIS制定	1973	
	1974	耐硫酸塩セメント(宇部)
	1975	油井・地熱セメント(宇部)
	1977	高強度混和材(電化)
耐硫酸塩セメントのJIS制定	1978	
SPおよびNSPキルンが省エネ型工業炉に指定(租税特別措置法43)	1979	
膨張材のJIS制定	1980	吹付用セメント系急結材(電化)
	1982	多(三)成分系セメント(三菱)
	1984	DSPセメント(電化:Denmark Densit社)
	1986	GRCセメント(秩父)
	1987	MDFセメント(宇部:英国ICI社)
	1988	深層混合処理セメント(宇部:高ビーライト系)
	1992	構造用高ビーライト系セメント(秩父)

出典:坂井悦郎、大門正機「セメントのイノベーション」、コンクリート工学 vol.33、No.4,1995.4、日本コンクリート工学会

10 混和材料によって施工が変わる

コンクリートの性能向上のための混和材料を用いると施工法が変わる

コンクリートの性能を向上させる調味料ともいえる混和材料には、使用量に応じて「混和剤」と「混和材」の2種類があります。「混和剤」は、私たちが飲む薬と同じように極わずかな量で高い効果が得られる材料です。他方、「混和材」は比較的大量に使用して、その効果も比較的ゆっくり発揮するものが多いです（漢方薬のようなイメージに近いと思います）。

例えば高性能AE減水剤という化学混和剤は、高減水性（コンクリートを同じ柔らかさとするのに必要な水の量を大幅に少なくすることができる性能）とスランプ保持性能（コンクリートの柔らかさを数時間保持できる性能で、普通のコンクリートは数十分程度しか同じ柔らかさを保持できない）を併せ持っていて、普通のコンクリートよりも打ち込むまでの待ち時間（例えば密な配筋の場合や、打ち込む場所が狭く打込み速度が遅い場合など）を長くとることができ、一度に打ち込める範囲を広くとることができます。これによって、施工手順や施工速度の調整ができて、効率的で品質の高い施工を行うことが可能になります。

混和剤は、用途に応じて様々な性能と種類があります。ただし、一度に色々な性能を満足させるためにたくさんの種類を用いた薬漬けのコンクリートにしてしまうと、硬化不良や強度低下など、かえって性能の低いコンクリートとしてしまう場合があるので、適切な使用量や種類の選定が重要になってきます。

この他にも水中でコンクリートを打ち込んでもセメントが流れ出さないようにする混和剤や締固めをしなくても（通常はバイブレータによる締固めを行います）よいコンクリートにするための混和剤などがあり、これらはこれまで行ってきた施工法を一変させてしまう混和剤といえます。混和材料は、コンクリートにとって魔法の薬でもあり、毒にもなることを十分理解して使用する必要があります。

要点BOX

- 混和材料には混和剤と混和材がある
- 混和材料は薬にも毒にもなる
- これまでの施工法を一変させる混和剤

混和剤と混和材の違い

混和剤
少量(例えばセメント量の1%以下)混入
配合設計の計算に考慮されない

混和材
比較的多く(例えばセメント量の5%以上)混入
配合設計の計算に考慮される

混和剤の種類

- 減水剤
- AE減水剤
- 高性能AE減水剤
- 流動化剤
- AE剤･高性能減水剤･硬化促進剤

(以上、JIS A 6204-2006に規定)

- その他
  防せい剤、遅延剤、起泡剤
  水中不分離性混和剤および
  分離低減剤(増粘剤)
  乾燥収縮低減剤　等

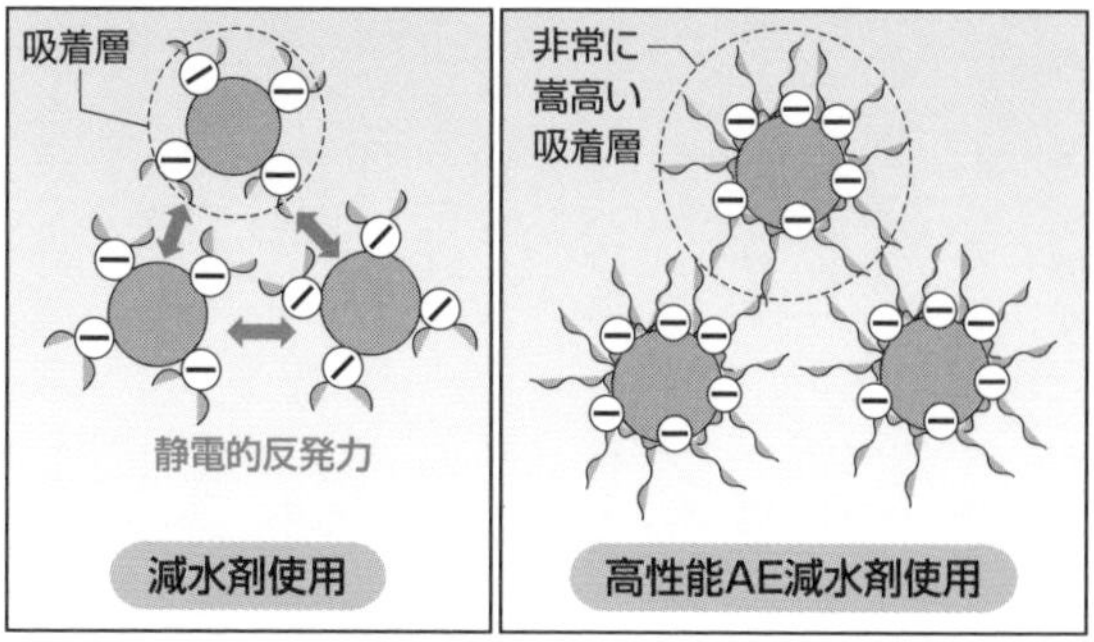

混和材の種類

混和材
- フライアッシュ
- 高炉スラグ微粉末
- 天然ポゾラン
- その他
  膨張材
  シリカフューム
  石灰石微粉末
  ポリマー 等

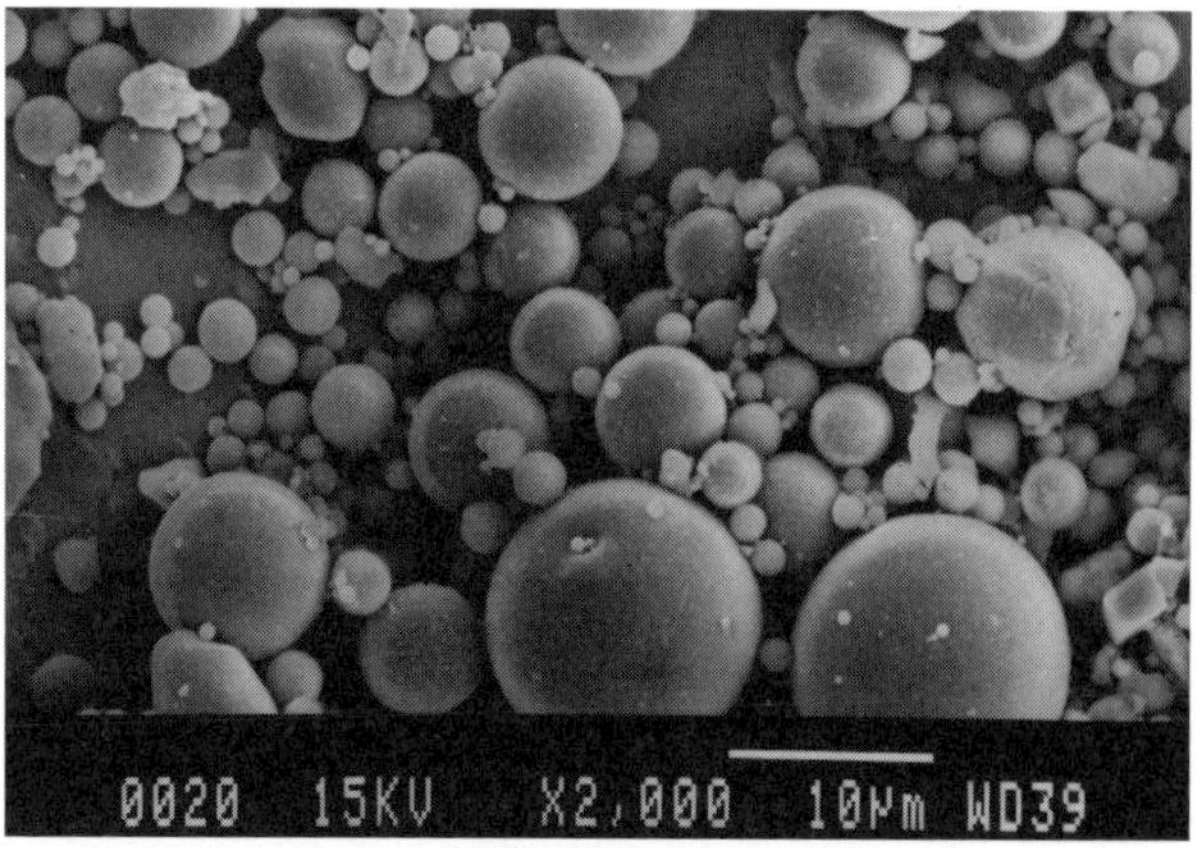

フライアッシュ

11 土(地盤)によって施工が変わる

地質・地盤の性状をできるだけ把握することが施工時のトラブル回避となる

橋梁や道路の場合、多くは土(地盤)の上に構造物を構築していきます。地盤自体は、どのような地質のものがどのような状態であるのか、直接目で見ることはできません。そのため、工事の前に多くの場合ボーリング調査(工事区画に複数の小口径の筒を地面の中に挿入していき、そこからサンプルを取り出して、どのような種類の土なのかを調査するとともに、その強度等を調べること)を行います。このボーリング調査結果をもとに、構造物の基礎をどのような形式にして工事を進めていくのか決めます。

比較的固い地盤であれば直接基礎(いわゆるベタ基礎)となります。一方、構造物を構築した場合、支えきれなくて地盤沈下したり、構造物が傾いたりする可能性がある場合には杭によって構造物を支えます。杭は、固い地盤(構造物を支えることができる地盤)のある支持層まで杭を打ち込むことになります。支持層までの深さも事前に行ったボーリング調査結果から決めます。ただし、ボーリング調査自体は時間と手間がかかりますので、調査本数は限られます。

トンネル工事やダム工事でも、事前にボーリングなどの地質調査を行っていますが、工事範囲が広く地質状況を全ての区画で正確に把握することは難しく、実際に掘削してみないとわからないこともあるようです。

地下構造物の構築においては、地盤の状態もさることながら地下水位によって施工法も異なります。掘削深度がそれほど深くない場合であれば、鋼製矢板などで土留めし、切梁で地盤がはらんでこないようにします。軟弱地盤や地下水位が高い場合にはケーソン基礎や地中連続壁等で止水と土留めを行います。

地盤の状態は、目に見えないだけでなく、局所的には一様でないため(突然動いたりするので)、常に計測して地盤状態を把握しておく必要があります。

要点BOX

- ●地質・地盤の性状はボーリング調査で把握
- ●軟弱地盤には杭基礎で構造物を支持
- ●地質・地盤の変化を常に計測することが大事

ボーリング調査

基礎の種類

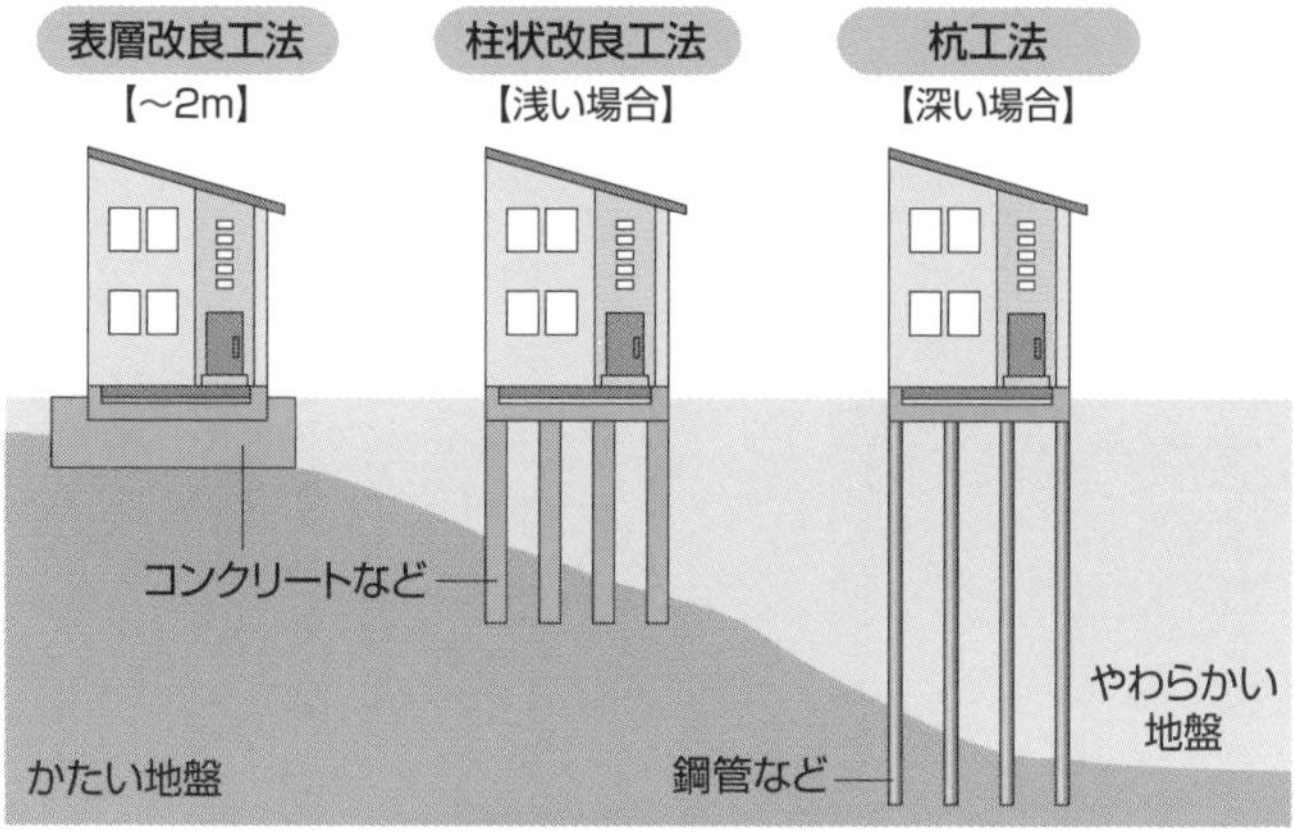

基礎工事の様子

12 岩（岩盤）によって施工が変わる

岩盤の硬さによってダムやトンネルの施工法が変わる

ダムの型式は、使用する材料（コンクリートか土や岩）と基礎となる岩盤の状態（硬さ）によって異なります。川の両岸の岩盤が強固で切り立っている場合には、アーチ式コンクリートダムに適した岩盤条件といえます。岩盤がそこまで強固でない場合には、重力式アーチダムや重力式ダムとなります。フィルダム（土や岩などを盛り立てて造るダム）は、岩盤がそれほど良くない地盤であっても構築することができます。

ダム工事では、堤体を施工するために、堤体周囲の土砂や岩盤などを取り除く堤体掘削が行われます。硬い岩の場合には、発破（火薬を用いて爆破する行為）によって岩を崩して取り除きます。そこまで硬くない岩であれば、ブレーカなどの重機を用いて岩を砕いていきます。岩盤は、露出すると比較的早く風化してしまうので、堤体掘削した岩盤表面は吹付けモルタルなどで保護します。

トンネルの場合には、岩盤を対象とした工法としてTBM（Tunnel Boring Machine）工法や山岳工法（NATM（New Austrian Tunneling Method）工法や矢板工法など）があります。

現在、岩盤を主体とした山岳トンネルではNATM工法が多く用いられています。これは、従来の矢板工法の場合、土圧が覆工《ふくこう》に均等に作用しにくく地山が緩みやすいことや矢板と地山の間に空間ができ、止水性に問題があるためです。これに対して、NATM工法は地山の保持力により土圧に抵抗するために覆工厚を薄くでき、止水性も矢板工法に比べて高いためです。

山岳トンネルの場合、地山の状態の予測が難しく、切羽が突然崩落したりすることがあります。最近では、切羽《きりは》の状態を予測するシステムの開発やAIを活用して切羽の地質評価や肌落ち予測システムの開発などが行われています。トンネルの施工技術も日々進化しているのです。

要点BOX

- ダムの型式は、使用材料と岩盤の状態で異なる
- ダムの堤体掘削は岩盤の固さによって施工法が変わる

ダムの堤体掘削方法（プレスプリット工法）

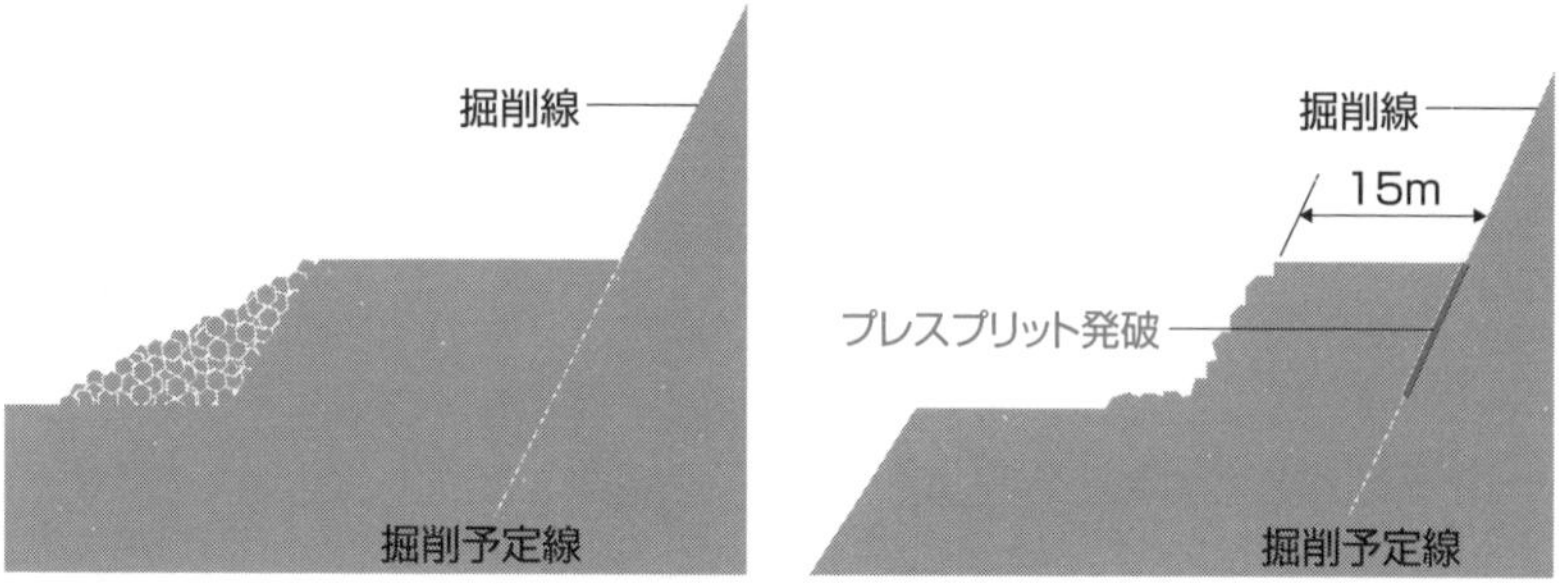

NATM工法

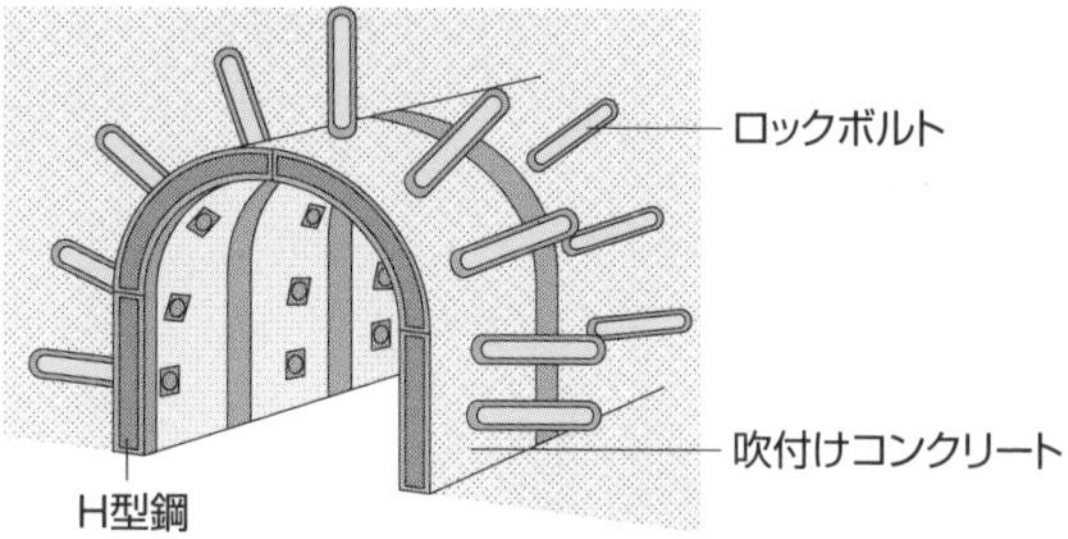

出典:土木学会HP「ものしり博士の土木教室」をもとに作成

トンネル切羽の予測システム

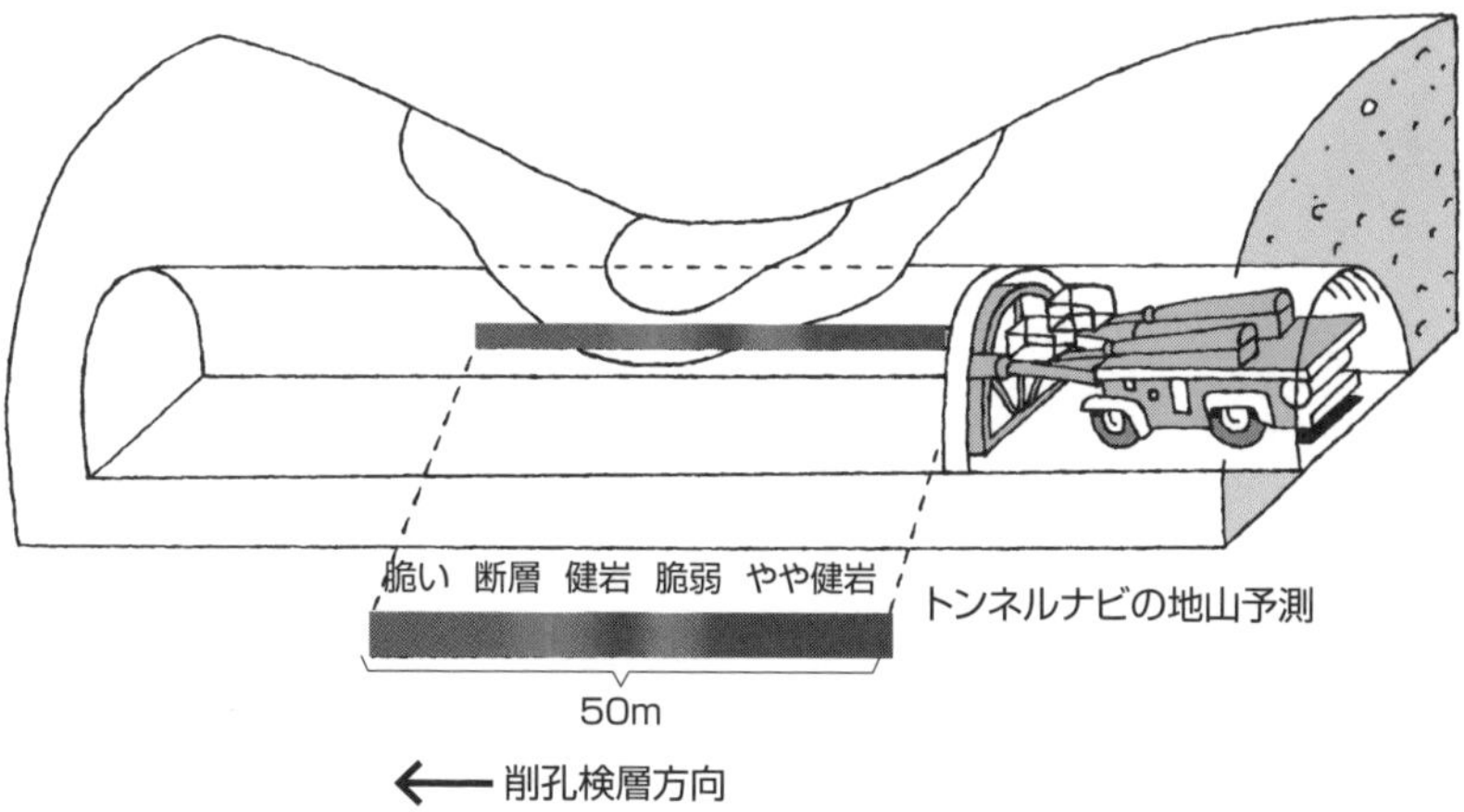

13 鉄（鋼材）によって施工が変わる

鉄がもたらした構造形式と施工法の変化

産業革命によって鉄は大量生産することが可能となり、土木構造物、とりわけ橋梁に用いられるようになりました。今から２４０年以上前に世界初の鋼橋「アイアンブリッジ」がイギリスのセヴァーン川に架けられました。その後、それまでの石材や木材ではなし得なかった長スパンの橋梁が次々と建設されるようになり、１８９０年には、イギリスのエジンバラに全長２５３０ｍ（中央径間は５２１ｍ）のカンチレバートラスでできたフォース鉄道橋が建設されました。それまでの橋梁には鋳鉄が用いられていましたが、フォース鉄道橋は全て鋼でできていて、現在でも使用されています。

アイアンブリッジは、鉄（鋳鉄と錬鉄）でできているのですが、鉄の接合方法がまだ確立されていなかったことから、木造建築と同じように楔《くさび》やホゾを用いて造られました。その後はリベット接合で行われるようになりました。第二次大戦後に、それまで主流であったリベット接合から溶接による鋼板の接合に変わっていきました。この溶接による接合方法によって、縦および横リブで補剛されたいわゆる箱桁橋《はこげたきょう》が建設されるようになりました。

引張に弱いコンクリートに鋼材を埋め込んだ鉄筋コンクリートが発明され、鉄筋コンクリート造の構造物が数多く建設されるようになりました。しかしながら、鉄筋コンクリートの場合、例えば長スパンの橋梁を造ろうとすると、断面が大きくなってしまい自重で崩壊してしまいます。そこで、コンクリートに高張力の鋼材を埋め込んでそれを引っ張ることでプレストレス力を与えるプレストレストコンクリート（ＰＣ）がフレシネーによって開発され、現在では、スパン長が４００ｍを超えるＰＣ斜張橋が建設されるようになっています。鋼の力によって、長大で巨大な土木構造物がこれからも益々できていくことになるでしょう。

要点BOX

- ●鉄の大量生産が土木構造物を一変させた
- ●プレストレストコンクリートがコンクリート橋の施工法を一変させる

世界最古の鋼橋（アイアンブリッジ）

フォース鉄道橋（1890年完成、全長2530m、現役）

ＰＣ斜張橋

14 新材料によって施工が変わる

新材料を用いることで構造形式や施工法が変わる

土木構造物に用いられている鋼材は、時間経過とともに錆びていきます。鉄筋コンクリートの場合、コンクリート内に埋め込まれた鋼材（鉄筋）はコンクリートに保護されていることから、錆びにくいのですが、塩害（コンクリート内部に塩化物イオンが浸透し、鉄筋表面の不働態被膜を破壊し、鉄筋を腐食させる劣化現象）や中性化（二酸化炭素がコンクリート内部に侵入し、セメント水和物である水酸化カルシウムと反応してpHを低下させていき、鋼材が腐食してしまう劣化現象）によって錆びてしまいます。これらの劣化現象への対策として、防錆剤の使用やエポキシ樹脂塗装鉄筋の使用、電気防食などが行われています。

鋼構造物の場合は、定期的な表面塗装や、電気防食などにより、鋼材が腐食しないような対策が取られています。しかしながら、いずれの対策においても鋼材の腐食を防止することは難しいといえます。

そこで、鋼材の代わりに炭素繊維、アラミド繊維、ガラス繊維などの新材料を棒状や格子状にして用いたコンクリートが開発されています。これらの新材料は高強度・高耐食性（錆びない）に優れています。実際に、橋梁の床版に高強度繊維補強コンクリート（ビニロンなどの短繊維を高強度コンクリートに混入して、ひび割れ分散性などの性能を高めたコンクリート）とアラミド繊維をロッド状にしてPC鋼材の代わりにプレストレス力を導入した材料を組み合わせたものが適用されています。これにより、従来の床版《しょうばん》よりも薄くすることができ（軽量化）、錆びることがない高耐久性の床版を実現しています。

この他にも、圧縮強度が500N／mm^2以上の反応性粉体コンクリート（RPC）の開発や、セメントを使用しないジオポリマーコンクリートなどが開発・実用化されており、これまで実現できなかった構造物を造ることが可能になってきています。

要点BOX
- ●錆びない材料で耐久性の高いコンクリート
- ●鉄筋を用いない高耐久コンクリート部材を実現
- ●これまでのコンクリートの概念を変えた新材料

新材料を用いた高耐久床版

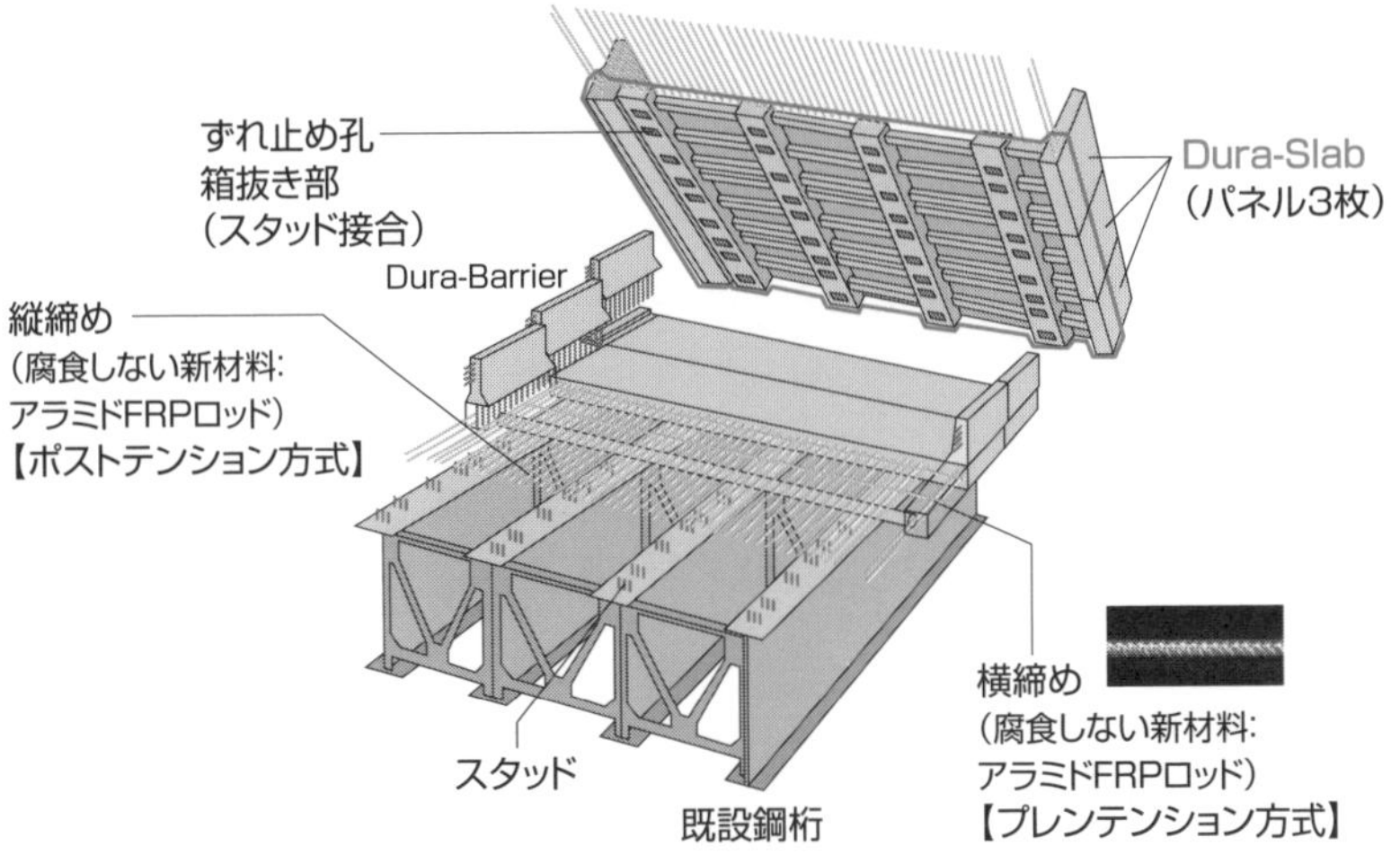

出典:NEXCO西日本、三井住友建設

非鉄製橋梁「別《べっ》埜《そ》谷《たに》橋」

非鉄製材料のみでコンクリート桁橋を完成させた別埜谷橋（Dura-Bridge）

出典:NEXCO西日本、三井住友建設

反応性粉体コンクリートを用いた萱《か》生《よう》川《がわ》鉄道橋

15 材料の組合せによって施工が変わる

材料や構造形式の組合せは、それぞれの良いところを引き出す

鉄筋コンクリートは、セメント、水、骨材（砂利と砂）、鉄筋という異種材料を組み合わせた複合材料です。鉄筋の代わりに新材料である炭素繊維やアラミド繊維などを組み合わせれば、それまでの鉄筋コンクリートと異なった特性が生まれます。また材料の組合せだけでなく、構造形式を組み合わせた複合構造（合成構造と混合構造とを合わせたもの）もあります。これは、鋼構造とコンクリート構造を組み合わせたもので、両者の良いとこ取りをした構造形式といえます。

この他にも木造とコンクリート造を組み合わせた木コンクリート構造というものもあります。戦中戦後において鉄が不足する中で、北海道を中心に木桁に無筋コンクリート床版を組み合わせたものであり、鋼橋《こうきょう》の鋼桁《こうげた》とコンクリート床版を組み合わせた合成構造の木造版といえるものです。鉄不足が解消されると姿を消したのですが、最近集成材の木桁とコンクリートとの合成構造をプレストレス接合し、さらに省力化や工期短縮、経済性向上を目指して、それらをプレキャスト化した工法が開発されています。

ダムにおいても、複数のダム型式を連結したコンバインダムというものがあります。重力式ダムとロックフィルダムを組み合わせたもの（忠別ダム、竜門ダムなど）や重力式コンクリートダムにアースダムを組み合わせたもの（四十四田ダム）、重力式、バットレス、アース式を組み合わせた三型式コンバインダム（イタイブダム（ブラジル、パラグアイ））などがあります。ダム建設では、岩盤強度によってダム型式が決まりますが、建設場所の右岸側と左岸側で岩盤強度が大きく異なる場合に複数のダムを組み合わせて建設されるのです。

材料や構造形式の組合せは、それぞれの持つ長所を相乗的に生かすことによって、より高品質な構造物を構築することが可能になるものといえます。

要点BOX

- ●複合構造は、鋼構造とコンクリート構造の良いとこ取り
- ●材料不足が生み出した木コンクリート構造

PC複合トラス橋

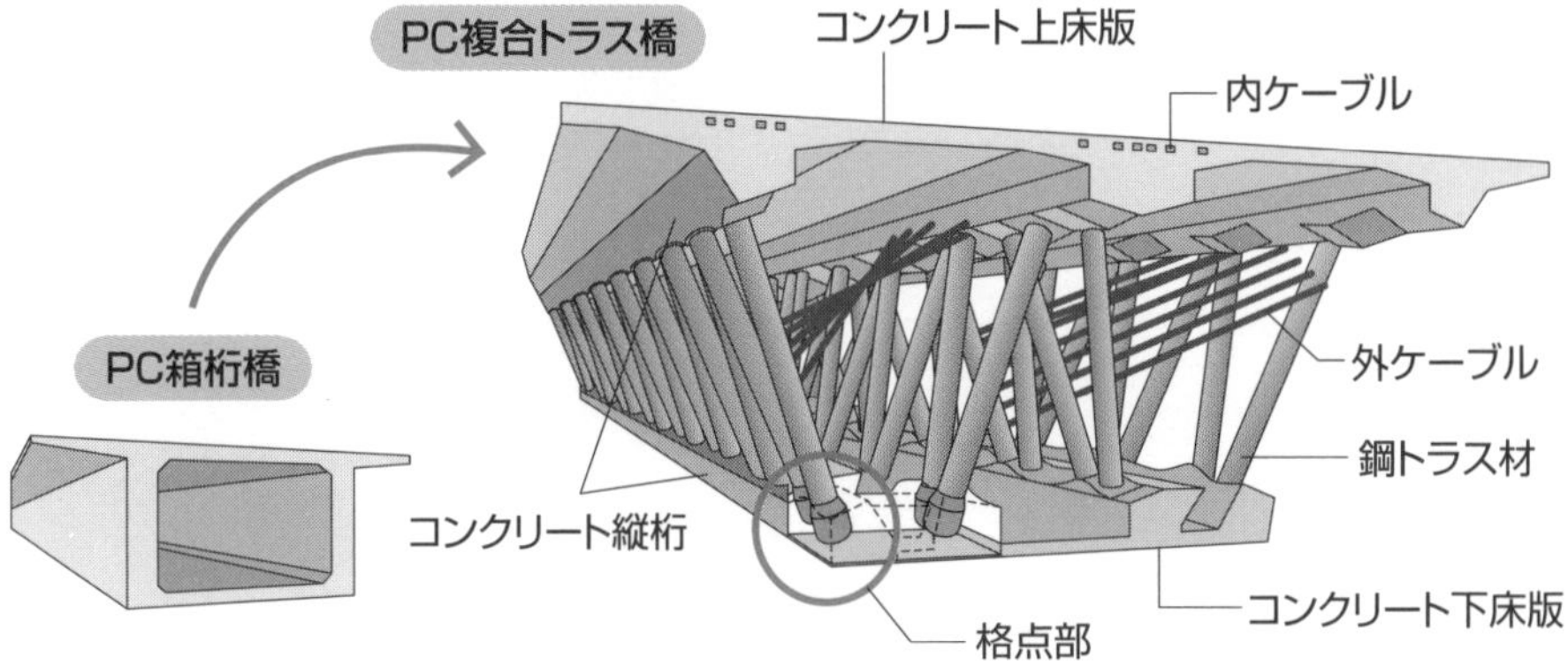

木コンクリート橋

出典:畑山義人「高橋敏五郎と木コンクリート橋」土木学会第65回年次学術講演会(平成22年9月)

Column

テルツァーギ

カール・フォン・テルツァーギ（Karl von Terzaghi、1883〜1963年、プラハ出身）は、土質力学における創始者といわれています。テルツァーギは、オーストリアのグラーツ工科大学で機械工学を学んだ後、1年間の軍役を経て、1905年からウィーンの建設会社で、水力発電関連の仕事を始めとして多くの建設現場での仕事をしています。テルツァーギは、そこで経験と直感による土工事のやり方を目の当たりにします。

1912年グラーツ工科大学で学位を取得し、アメリカに渡ります。そこで、現場仕事をしながら地質と土工事との関係について多くのことを学びました。その後、第一次世界大戦が始まると、陸軍に入隊した後、オーストリア空軍に転属しています。テルツァーギは、1916年にイスタンブールの大学で教職を得て、1919年から行った土質実験から粘土の圧密機構および近代土質力学の基本となる他の重要なメカニズムを見出します。1923年には、圧密過程の基礎的な微分方程式が示され、粘土の沈下計算に関する論文を発表しています。1924年には、オランダのデルフトで開催された第1回国際応用力学会議で圧密理論の論文を発表しています。

1925年には、テルツァーギの代表的な著作となる「土の物理学的基礎に基づいた土質力学」が出版されます。この本の出版が一般に土質力学の誕生だといわれています。テルツァーギは、その年にアメリカに渡って、MIT（マサチューセッツ工科大学）で教鞭をとりながら「土質力学の原理」という論文を発表しています。こうして、テルツァーギは土工技術および基礎工学の権威として認められるようになりました。

テルツァーギは1930年にウィーンに戻り、ウィーン工科大学で教鞭をとっています。1936年にはアメリカのハーバード大学で第1回国際土質基礎工学会議を開催し、その議長を務め、1957年の第4回国際会議まで会長の任にありました。

1938年からは、ハーバード大学で教鞭をとるようになり、2冊の本の出版および100以上の論文を執筆しています。1946年には、ハーバード大学からテルツァーギに土木工学科教授の称号が与えられ、1956年には名誉教授になっています。

テルツァーギは、それまで直感と経験に頼っていた土質力学の分野において、論理的評価を行う土質力学の基礎を築いたのです。

第3章

構造・設計で施工が変わる

16 橋の構造で施工が変わる

橋には様々な構造形式がある

橋の構造形式には、様々な種類があります。桁橋、トラス橋、アーチ橋、ラーメン橋、吊橋、斜張橋、エクストラドーズド橋などで、桁橋でも桁断面がI型、T型、箱型などがあります。トラス橋には、代表的なものでワーレントラス、ハウトラス、プラットトラス、Kトラスがあり、その他にもYトラス、トレリス、ホイップルなどたくさんの種類があります。トラス構造は、構造自体比較的簡単で、軽くて丈夫なことと基本構造が三角形で構成されるので、この部材の組合せによって様々な形状にできることから多くの形式が提案されています。

アーチ橋にも様々な形式があり、下路橋（アーチ、ローゼ、ランガー、タイドアーチなど）、上路橋（上路アーチ、逆ローゼ、逆ランガー、ブレースドリブアーチなど）、中路式リブアーチなどがあります。

橋の構造は、使用する材料によっても異なります。石橋、木橋、鋼橋、コンクリート橋、プレスレストコンクリート橋などがあります。また、橋をどんな場所に架けるのかによっても構造形式が異なります。海峡を跨ぐような長大橋の場合には、中央径間（スパン長）を長くとれる吊橋や斜張橋などが選定され、使用する材料も軽くて丈夫な鋼が選定されることになります。他方、小さな川を跨ぐような場合には、桁橋で木材やコンクリートなどで造られます。

橋は、周囲の環境との調和（景観）も重要な要素になるので、橋のデザイン性も重要です。その際も要求性能（鉄道のような重量物を通すのか、人道なのか、風が強い場所なのかなど）や地盤条件（対象とする橋梁を支えることができるのかなど）や地形などを考慮する必要があります。

橋の形は、様々な条件をもとに決めるのは当然ですが、安全性を最優先に考える必要がありますし、建設コストも十分考慮して決める必要があります。

要点BOX
- ●橋の種類は多種多様
- ●橋の構造は使用材料によっても異なる
- ●橋の構造の決め手は周囲の環境や地盤条件

橋の種類は様々

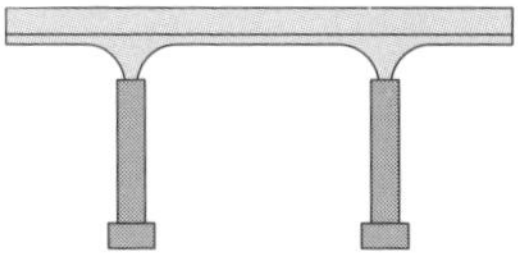

桁橋

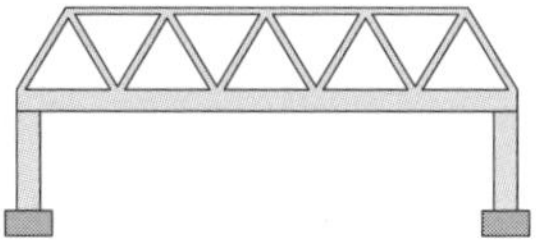

トラス橋

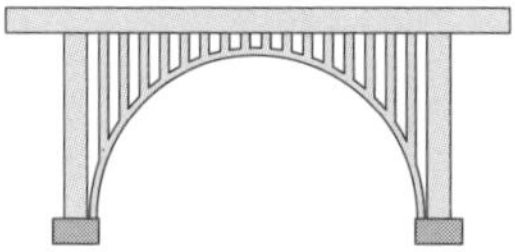

アーチ橋

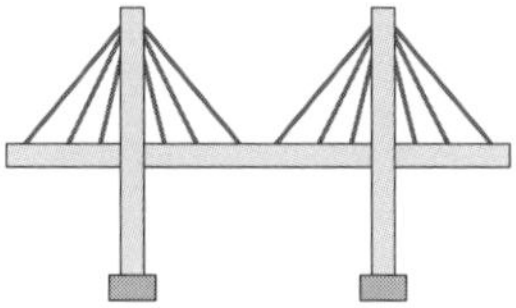

斜張橋

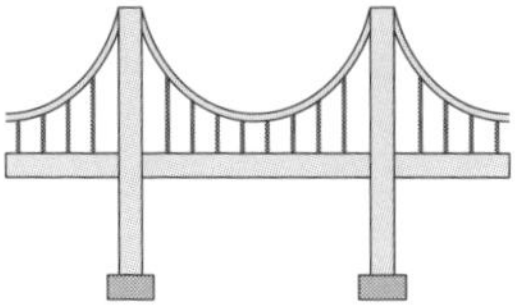

吊橋

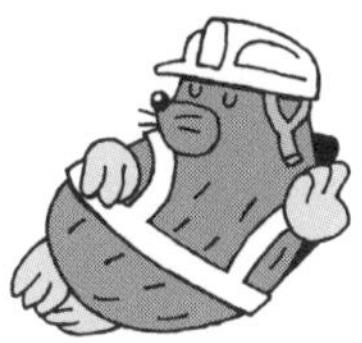

複合トラス橋「青雲橋」

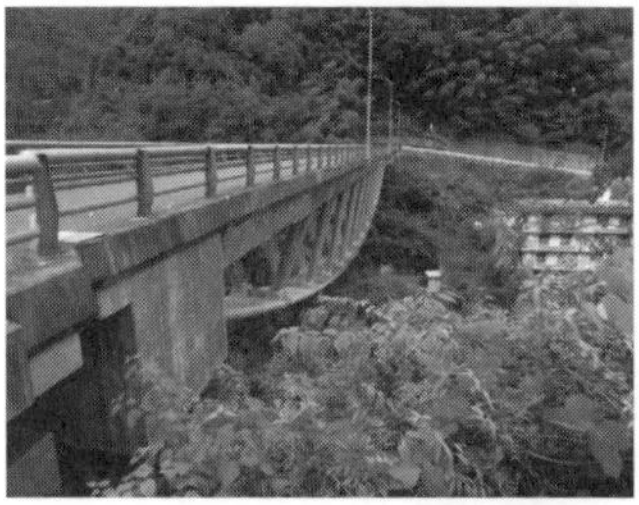

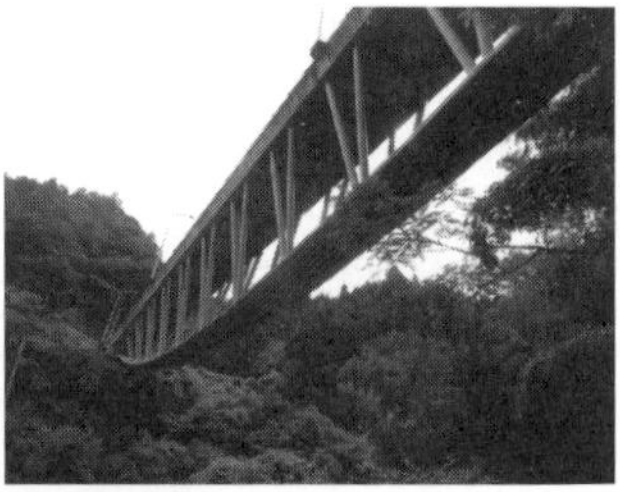

木橋「かずら橋」

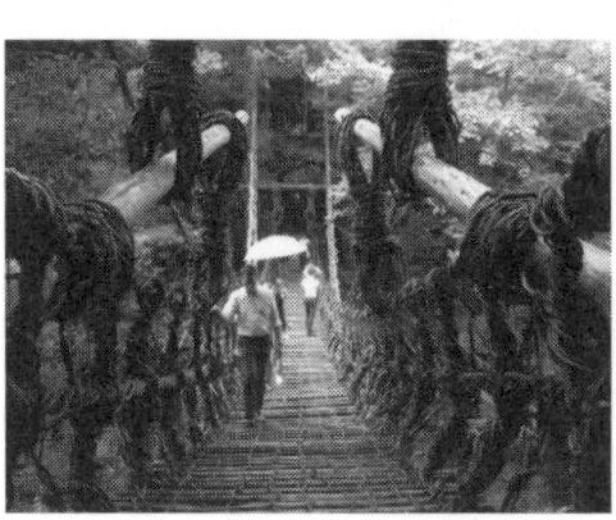

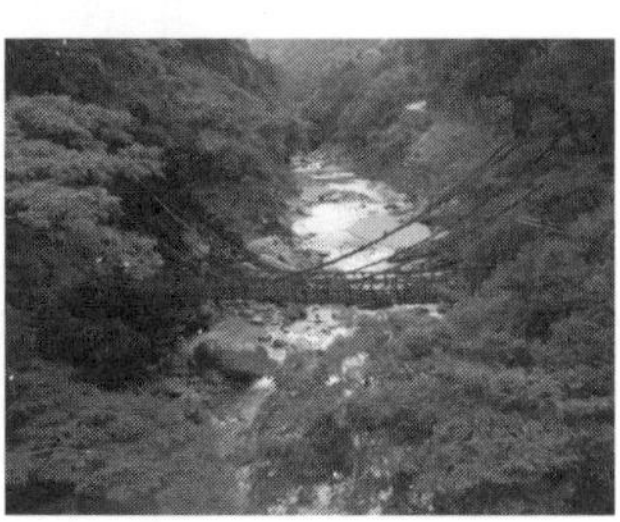

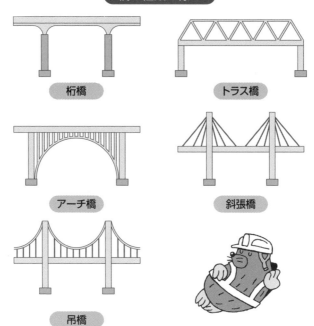

17 ダムは構造形式・材料で施工が変わる

ダムは地盤条件で型式が決まる？

ダムの建設において最も重要なのは、ダムを支える地盤条件（地盤もしくは岩盤の強度や剛性など）と地形条件だといっても過言ではありません。ダム本体の重量もさることながら、ダム湖の総貯水量の重さは想像を絶するものです（例えば、宮ヶ瀬ダムの堤体積は200万㎥（重量でいえば480万トン）、総貯水量が2億トンになります）。ダム堤体とダム湖の重量を支える地盤強度が不十分ですと周囲の地山が崩壊してしまうことになります。ダムが完成して湛水《たんすい》するとよく地震が起こるといわれています。大重量がダム湖周辺の地盤に生じるためではないかといわれていますが、定かではありません。

ダムにおける構造の3原則というのがあります。1つは、ダムにかかる最大水圧から、ダムの形状などを決めて転倒しないようにすることです。2つ目は、水圧によってダムと周囲岩盤の間にせん断力が生じてダム自体が滑動しないようにダムの形状を決めるとともに、岩盤と接触している面積が十分であることを確認することです。3つ目は、ダム自体が水圧で壊されてしまわないように、十分な強度を確保することです。3つ目の原則以外は地盤に関わるものであり、ダム建設においていかに地盤条件が重要であるのかわかると思います。

ダムの建設においては、地盤条件とともにどのような材料を用いるのかも重要になってきます。コンクリートか土か岩かによってダムの構造形式・施工方法が大きく異なります。また、コンクリートダムの場合でも地盤条件、地形条件によってアーチ式ダムや重力式ダムなどに分かれます。この他にもコンクリートダムで唯一鉄筋コンクリートとなるバットレスダムもあります。アースダムの中にもアスファルトなどのフェイシング（表面遮水型）ダムもあります。このように、どのようなダムの種類となるかは地盤条件と使用材料でほぼ決まるのです。

要点BOX

- ●ダム建設で最も重要なのが地盤条件
- ●ダムにおける構造の3つの原則
- ●ダムの型式は使用材料で決まる

ダム建設における構造の3原則

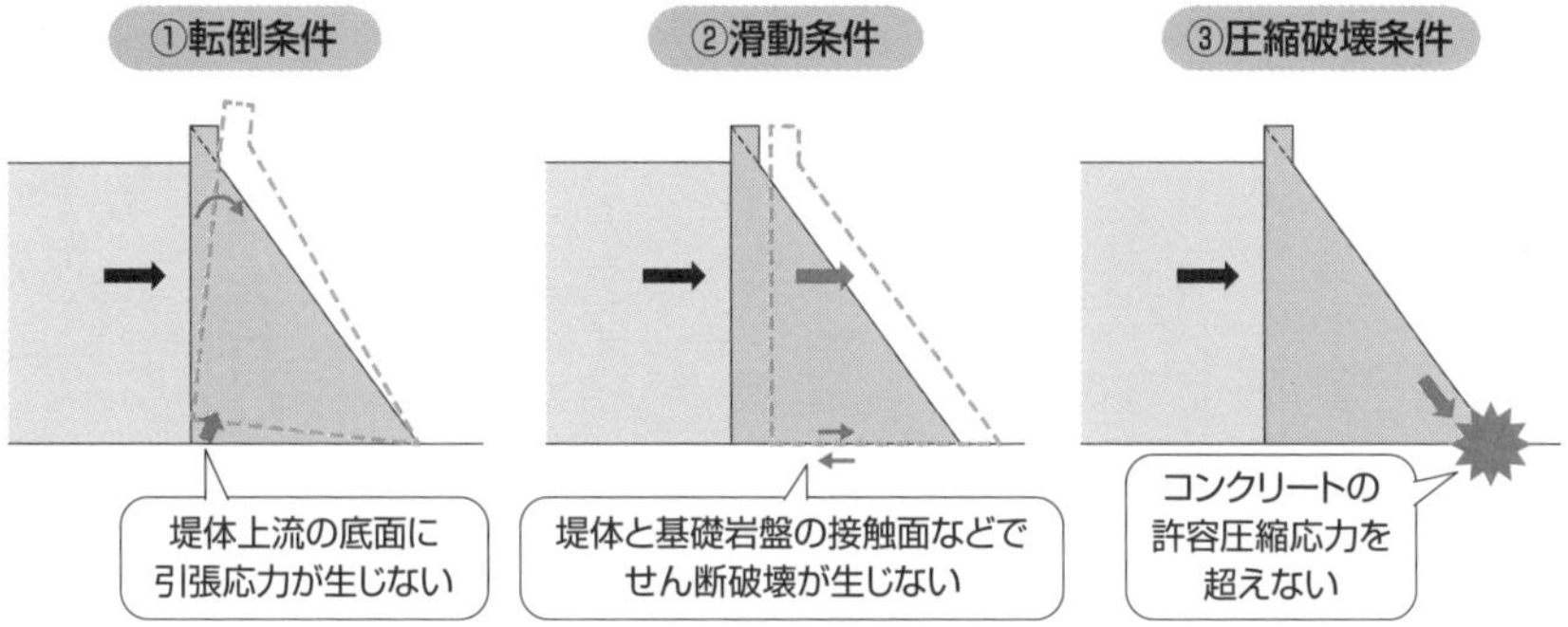
①転倒条件
②滑動条件
③圧縮破壊条件
堤体上流の底面に
引張応力が生じない
堤体と基礎岩盤の接触面などで
せん断破壊が生じない
コンクリートの
許容圧縮応力を
超えない

ダムの種類

重力式ダム（大保ダム）

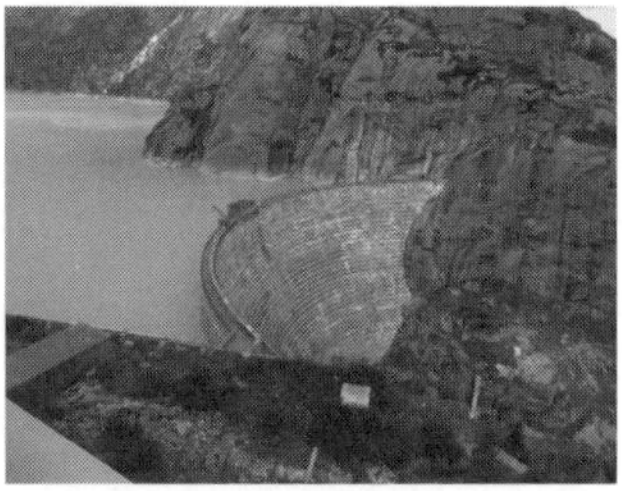
アーチダム

バットレスダム

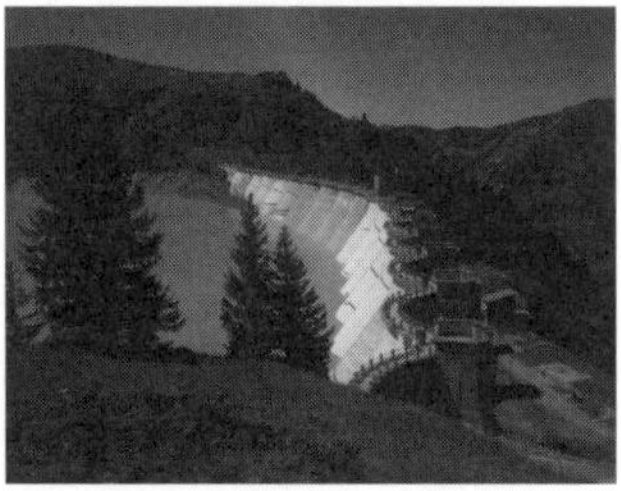
マルチプルアーチダム

ロックフィルダム

ロックフィルダム（沖縄）

18 トンネルの掘削形式で施工が変わる

建設場所でトンネルの造り方も違う？

トンネルは、建設する場所でその造り方も異なります。山の中を掘り進む山岳トンネル、街中を掘り進む都市トンネル、海の中もしくは海底下を掘り進む海底トンネルなどがあります。山岳トンネルの場合、多くは直接岩盤を掘削します。機械化される前は人力で掘り進んでいました。硬い岩盤の場合には、岩を火で熱して水をかけて割るという危険な方法で行われていました。19世紀にダイナマイトが発明されると、発破によるトンネル掘削が可能となり、掘削進度が飛躍的に向上しました。掘削後は、地山が崩壊しないように支保材と矢板で地山を支えながら掘り進んでいきます。1960年代にNATM工法が開発されると、それまでの矢板と支保による工法に代わって山岳トンネル工法の主流となりました。この他にもTBM工法（岩盤を巨大なカッターヘッドを用いて掘削し、掘削ズリを後方に排出しながら推進する工法）があります。

街中を掘り進む都市トンネルでは、シールド工法と開削工法が主に用いられています。シールド工法は、シールドマシンで地中を掘削します。シールドマシン自体は土圧や水圧に耐えられるように鋼製の円筒形状をしています。マシン内部は密閉されており、掘進した背後にセグメントと呼ばれる覆工材《ふくこうざい》を設置し、トンネル自体を地山や水圧から支える構造となっています。一方、開削工法は地上から掘削してトンネルを構築後、覆土する工法です。この他にも比較的小口径の下水道管などを構築していく推進工法があります。

海底トンネルは、沈埋函《ちんまいかん》工法と呼ばれる地上でエレメントという構造物を構築し、それを随時建設場所の海底に設置・接合していくものです。その他にも、海底下をシールドマシンで推進していく工法や山岳トンネルと同様に掘削しながら支保と矢板で支えていく工法などがあります。

要点BOX
- ●山岳トンネルといえばNATM工法
- ●都市トンネルといえばシールド工法
- ●海底トンネルといえば沈埋函工法

NATM工法と従来工法

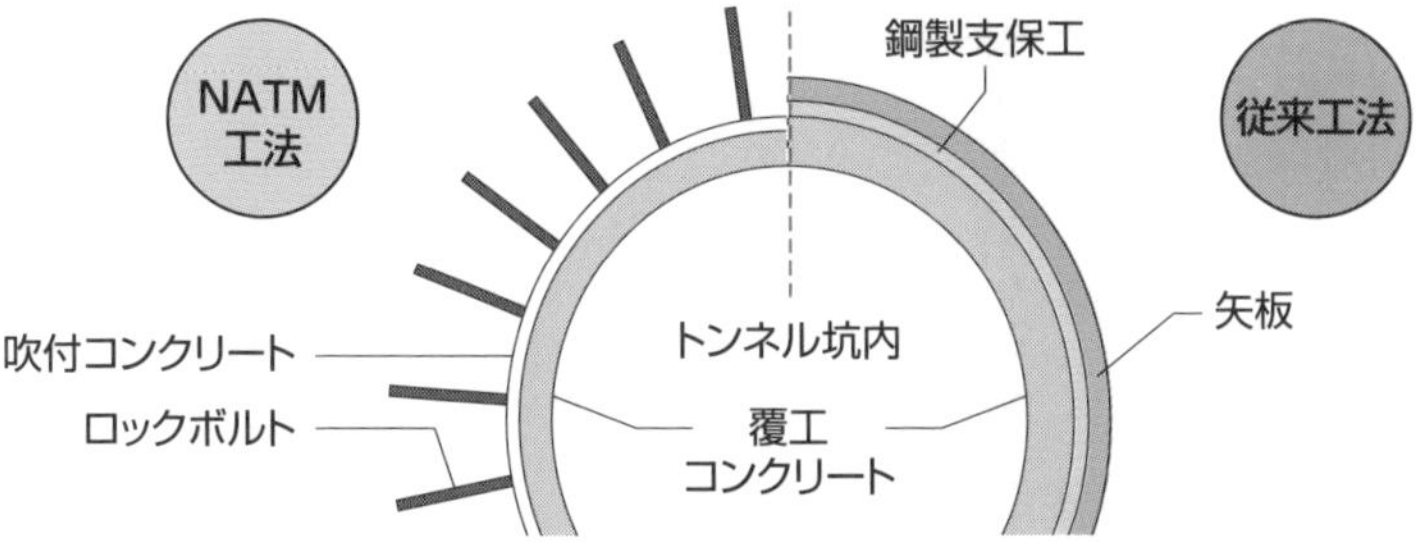

シールド工法

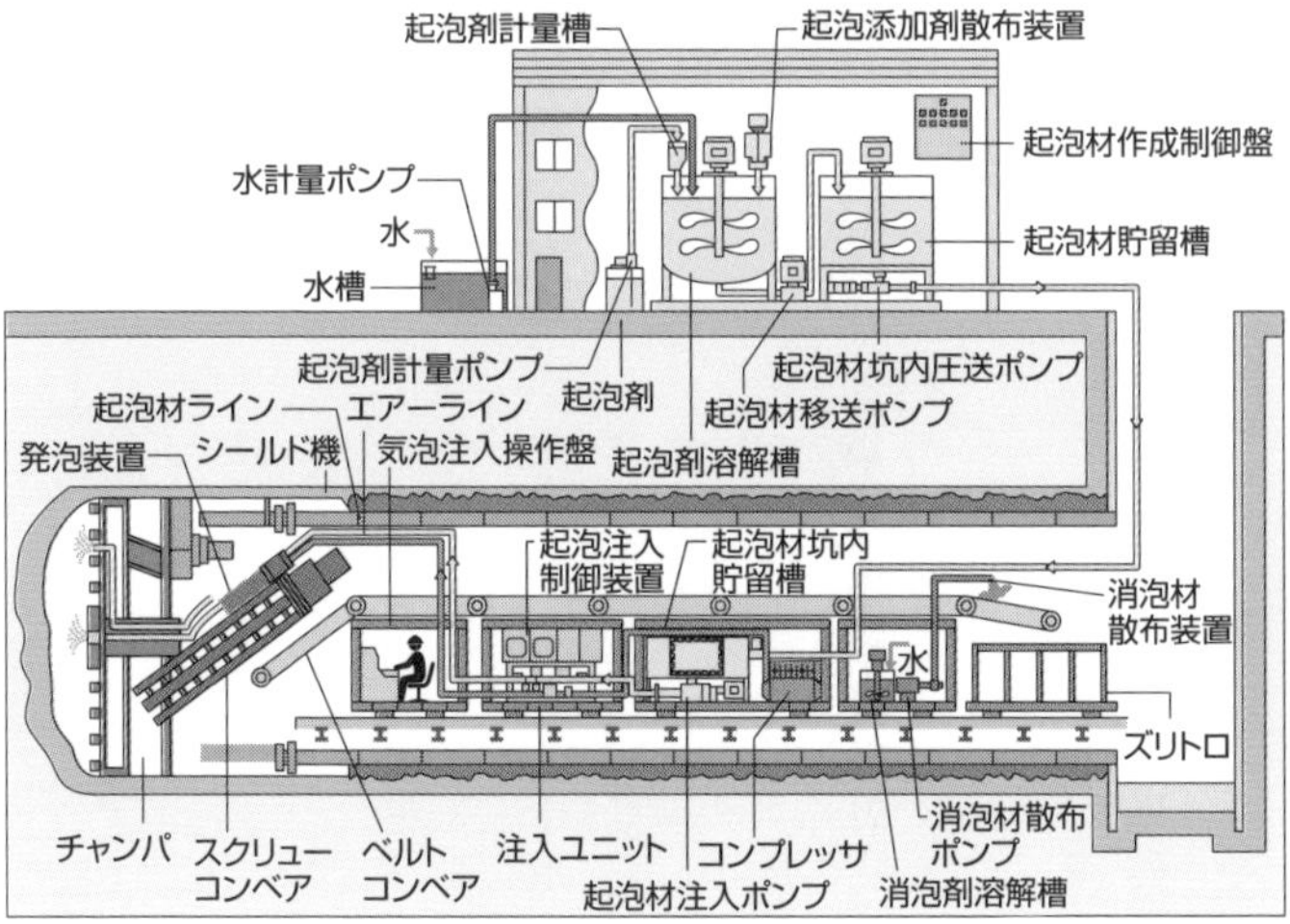

出典:シールド工法技術協会

沈埋函工法

出典:鹿島建設株式会社ウェブサイト
(https://www.kajima.co.jp/news/digest/feb_2008/site/index-j.html)

19 道路は構造形式・材料によって施工が変わる

道路は人や物を運ぶだけではない！

道路は、物や人を運ぶためのものだけではなく、文化や言葉など形にならないものも運びます。例えばシルクロードは、遠くギリシャやペルシャ（現在のイラン、イラク）、インドなどの文化が中国を経て、日本に伝わってきたルートです。もちろん舗装された道があるわけではなく、砂漠や荒地、高い山々を越えて交易商人がラクダなどを使ってまさに道なき道を進んだのです。

「すべての道はローマに通ず」は、ラ・フォンテーヌ（フランス、17世紀の詩人）の格言です。ローマ帝国は、ヨーロッパから中東、アフリカ北部にかけて一大道路網を作っています。総延長は約600年間で延べ8万5000キロに達し、アメリカの州道路の8万8000キロに匹敵します。また、その建設は現在の使用材料、施工法とあまり変わっていないのです。

日本の道は、ほとんどアスファルトで舗装されています。ヨーロッパやアメリカなどでは、コンクリート舗装の道も結構あります。この舗装面の色を称してヨーロッパやアメリカでは白い道、日本では黒い道といわれています。代表的な白い道としては、ドイツにあるアウトバーンが有名です。このアウトバーン建設を進めたのが、フリッツ・トットという人です。トットは世界で初めて道路建設に風致設計（ランドスケープ）という設計思想を取り入れた人です。トットは「道路は、山、谷、野原を含む風景に馴染むようにし、風景を損なってはならない、道路そのものは旅行者が眺めた時、風景と一致した美しさを持たねばならない」といっています。

道路自体は、橋もあればトンネルもあります。その他の部分は、土を盛るかもしくは開削して構築していきます。開削した場合には、法ができるので、法面《のりめん》保護を行う必要がありますし、盛土したところが軟弱な地盤の場合には、発泡スチロールブロックを積み重ねたEPS工法が適用されることがあります。

要点BOX

- ●白い舗装と黒い舗装
- ●道路建設には風致設計が必要
- ●道路は切盛りが基本

道路（開削した道路と法面）

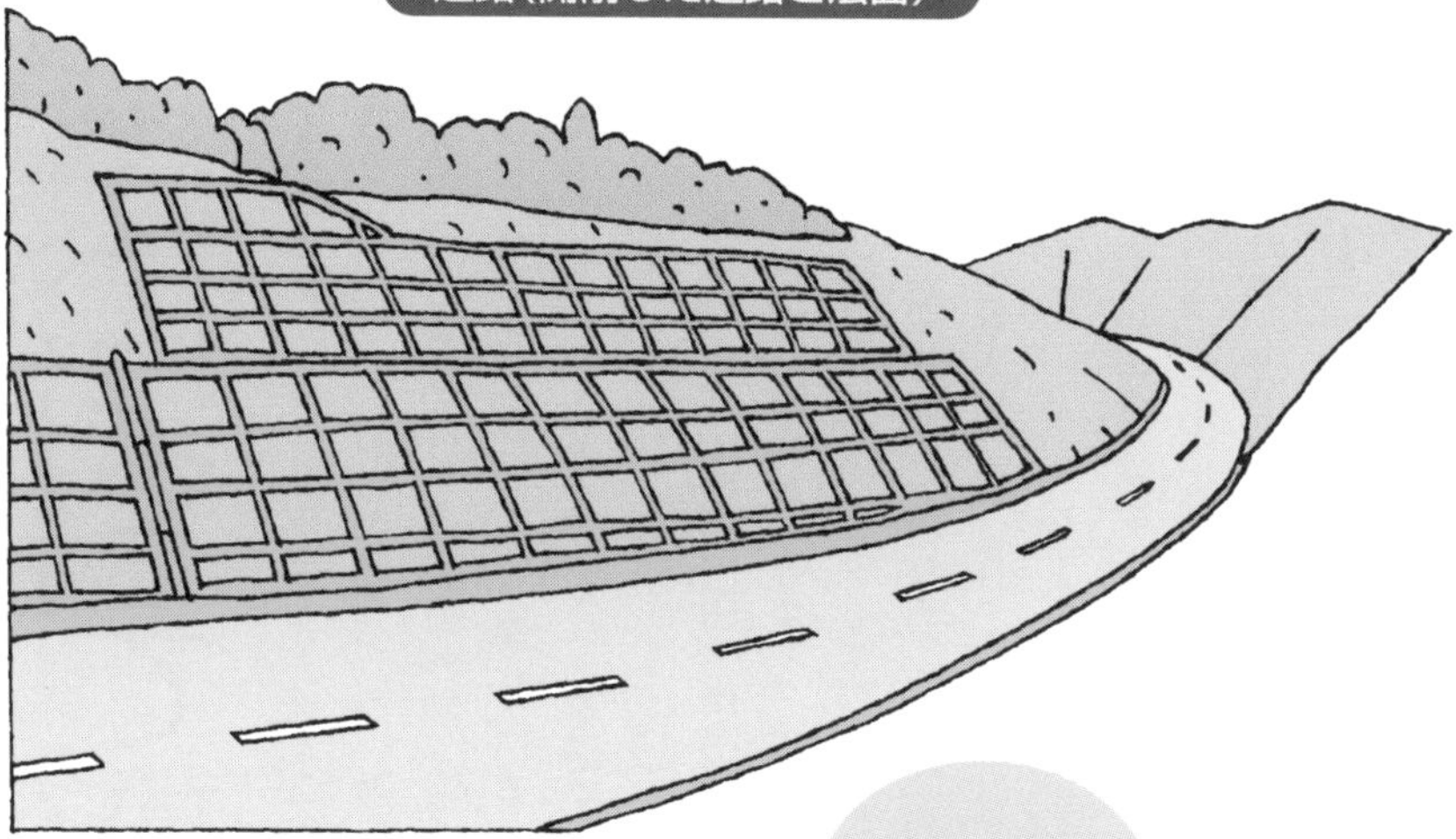

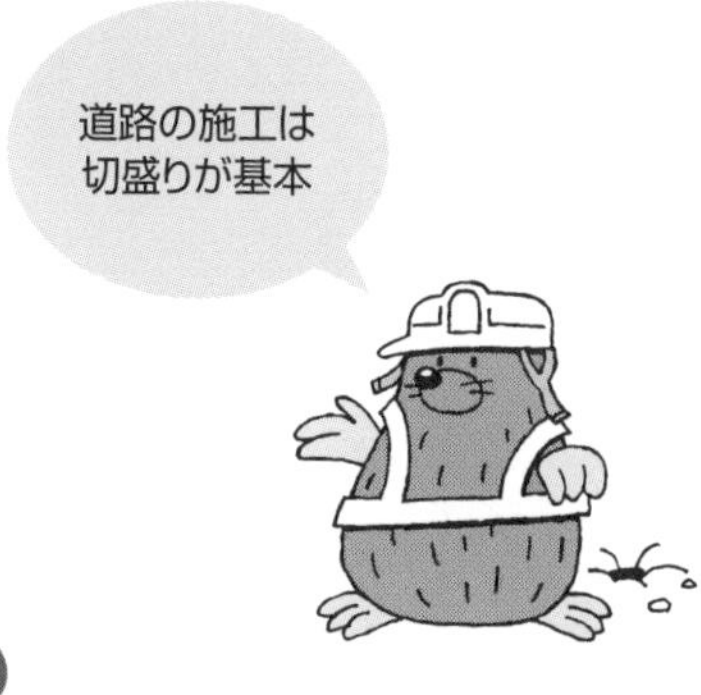
道路の施工は
切盛りが基本

EPS工法

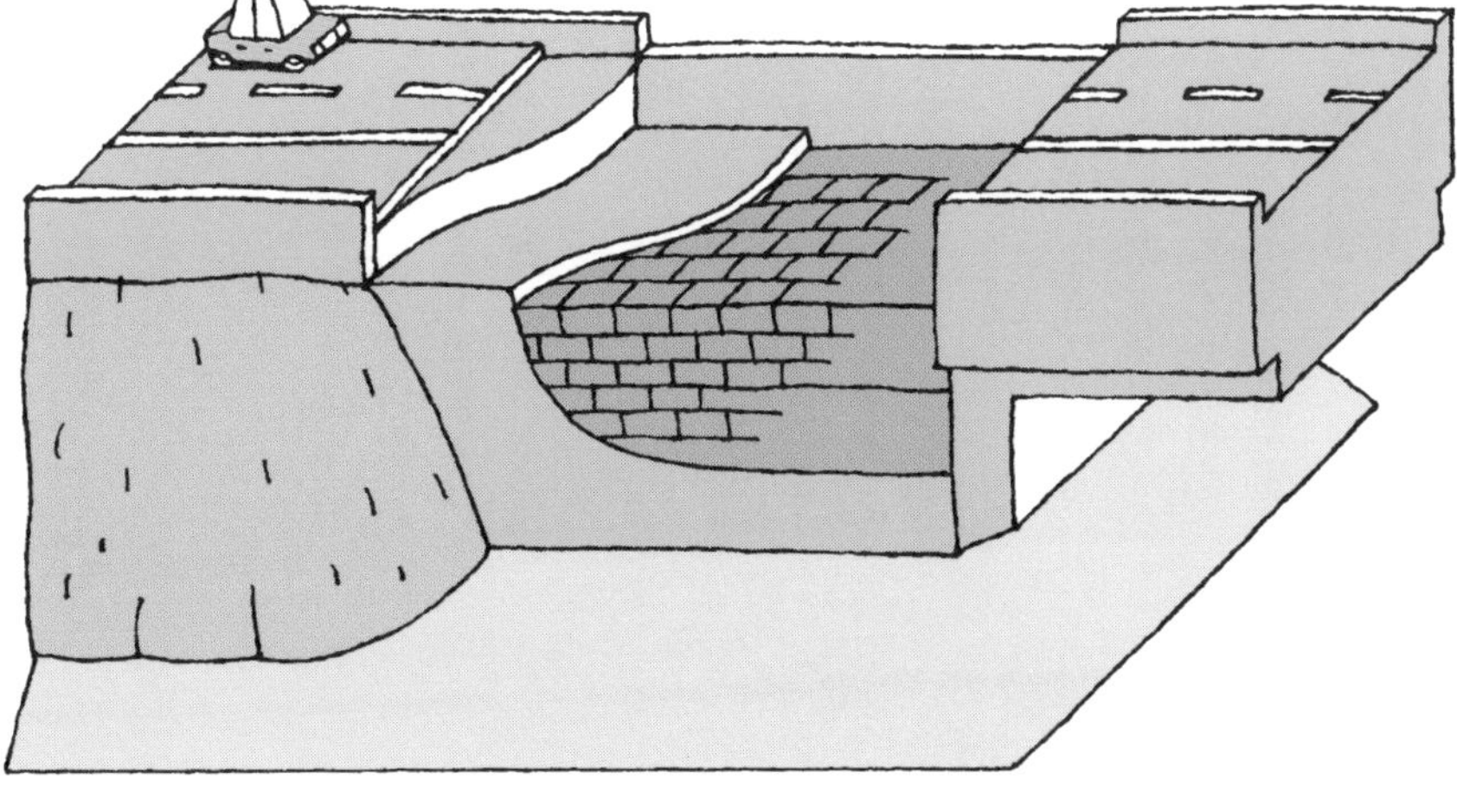

20 河川構造物の種類によって施工が変わる

河川構造物は堤防だけではない！

河川構造物と聞くと、最初にイメージするのが堤防ではないでしょうか。しかしながら、河川構造物は河川水が堤内地（川裏といい、堤防の外側で私たちが住んでいるところ。ちなみに、川が流れているところは堤外地（川表）という）に侵入することを防ぐために設ける構造物を指しており、対象となる構造物としては、ダム、床止め、堰《せき》、水門、門、揚水機場、排水機場、橋など様々な種類があります。堤防の種類にも本堤、霞堤、背割堤、輪中堤、囲繞堤《いにょうてい》、越流堤、導流堤、逆流堤など数多くあります。堤防の多くは盛土で施工されますが、コンクリート製のものなどもあります。

樋門《ひもん》や樋管《ひかん》は、川の合流部などで洪水時に水位が高くなり、堤内地に水が逆流しないようにする施設のことで、堤防の中に主にコンクリート製の水路を設け、ゲート（主に鋼製）が設置されています。また、川の合流部で堤防が分断されているところにゲートを設けたものが水門です。水門は、通常ゲートを上げた状態にしており、洪水時にゲートを閉めて堤防の役割を果たします。他方、堰は通常ゲートを閉めており、洪水時にゲートを上げて放流させる構造物で、堤防から越水させないようにします。

排水機場は、洪水時に樋門などを閉じてしまうと、堤内地側は降った雨水で溢れてしまうので、堤外地にポンプなどを使って水を排出するための施設です。これに対して、揚水機場は河川水を川よりも高い位置にある田畑などにポンプで汲み上げるための施設です。床止め（床固めともいう）は、河床の洗掘《せんくつ》（川の流れによって川底の石や土などが削り取られてしまう現象）を防ぎ、河川の勾配を安定させるために、川床にコンクリートブロックや石などを敷き並べたものです。この他にも、河川を横断する橋梁や河川を堰き止めるダムなども河川構造物になります。

要点BOX

- ●ダムや橋梁も河川構造物
- ●水門と堰の違い
- ●ポンプ施設は河川構造物に欠かせない

堤防の種類

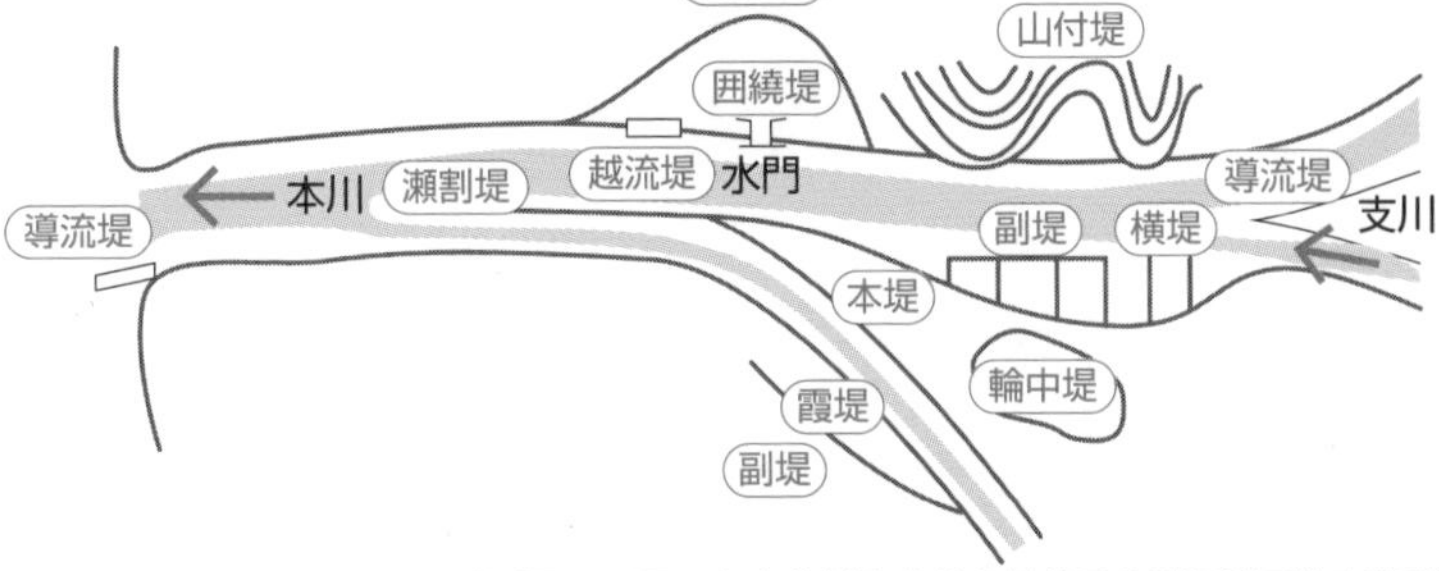

出典:「最上川電子大事典」(東北地方整備局山形河川国道事務所)
(http://www.thr.mlit.go.jp/yamagata/river/enc/index.html)をもとに作成

樋門・樋管、水門、堰

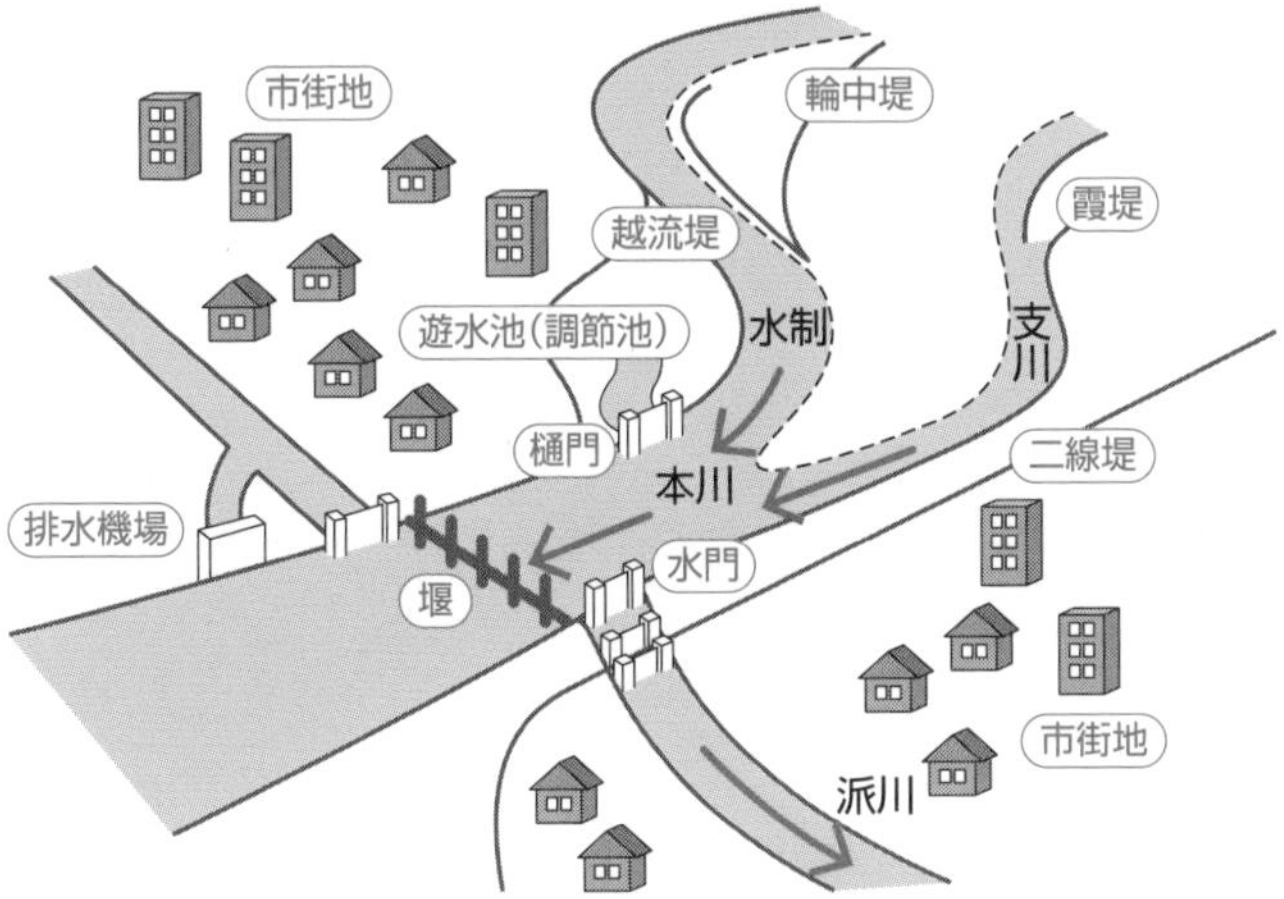

出典:「最上川電子大事典」(東北地方整備局山形河川国道事務所)
(http://www.thr.mlit.go.jp/yamagata/river/enc/index.html)をもとに作成

床止め(床固め)

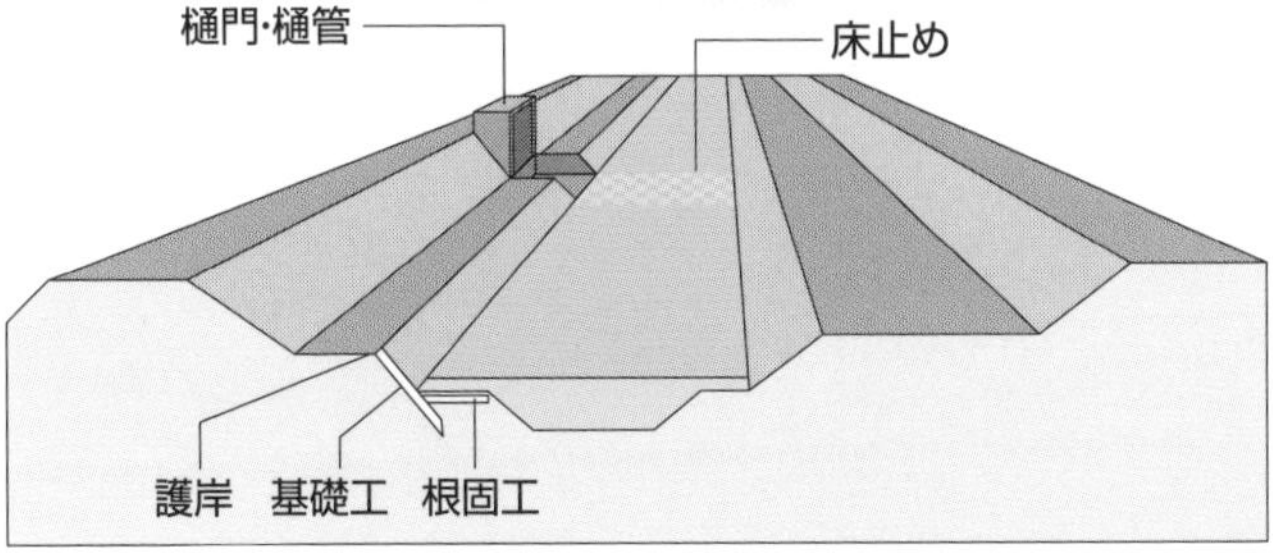

出典:「最上川電子大事典」(東北地方整備局山形河川国道事務所)
(http://www.thr.mlit.go.jp/yamagata/river/enc/index.html)をもとに作成

Column

ブルネル

マーク・イザムバード・ブルネル（1769〜1849年、フランス、ノルマンディー出身）は、フランス海軍の士官候補生在籍中に、フランス革命が起きたことから、身の安全のためにアメリカに渡り、その後イギリスに移り住んでいます。

イギリスでは、海軍向けの滑車を造っていたようで、造船所で働いていたようです。その頃、ロンドンのテムズ川では川底にトンネルを掘削する工事が行われていましたが、いずれも失敗に終わっていました。

ブルネルは、働いていた造船所で、ある時、水に浸かっている舟板に穴を空けてしまうフナクイムシ（二枚貝の一種で、鑢のような形状の固い殻の前方で木を穿孔し、そこに入り込んで巣穴とする）の生態に注目します。フナクイムシが空けた小さな穴の場合、水に浸かった状態では木材が膨潤して穴は塞がれてしまうのですが、なぜか穴はそのままの状態でした。

フナクイムシは、削った木を食べながら液体状にして後方に排泄していきます。この排泄物には石灰質の成分が含まれていて、穴の壁面を固化していたのです。このフナクイムシの生態をトンネルの掘削工法に適用できないかとブルネルは考えました。ブルネルは、固い殻（枠）で掘削面を覆い、掘削した土砂を後方に送りながら掘削した部分が崩壊しないようにレンガを積んでいく方法を考案します。これがシールド工法の元になったといわれています（ブルネルは1818年に特許を所得しています）。

この工法は、テムズ川のトンネルに適用され、息子のイザムバート・キングダム・ブルネルも技師として加わっています。途中何度も出水事故や火災などがあって中断することもありましたが、着工から17年後にようやく完成します。このテムズ川のトンネルは、今でも地下鉄（チューブ）の施設として使用されています。ブルネルらがテムズ川で行ったシールド工法は、矩形のシールドでしたが、後にピーター・バーロウはこの矩形のシールドを円形断面にすることで、周囲の地盤の安定性が改善され、排出土が軽減されました。

さらに、1884年のシティ・アンド・サウス・ロンドン鉄道（地下鉄ノーザン線の一部区間）の建設において、ジェームズ・グレートヘッドは円筒形のシールドマシンにスクリュージャッキを取り付けるとともに、掘削・前進した部分に鋼製のセグメントで覆工するという現代の標準的なシールド工法を考案しています。

第4章

工事の流れによって施工が変わる

21 現場で働く人たちとそれぞれの役目

工事は、事業者、設計者、施工者が一体となって行うもの!

建設工事では、発注する人（事業者）、発注内容を具現化（設計や測量など）する人、工事を請け負って実際に構造物を構築する人（施工者）に大別されます。土木工事の多くは公共工事ですから、発注する人（事業者）の多くは、国や地方自治体などの公務員の方たちになります。事業者は、事業全体の計画策定や予算の獲得などを行います。ただし、事業者の多くがデスクワークのみをしているのではなく、実際の工事の監督業務なども行います。その内容としては、施工中の段階検査や工事内容に関する各種協議（設計内容の変更等）、地元住民への対応など多岐にわたります。

発注内容を具現化する人（主に建設コンサルタント）は、実際の施工に際して施工の管理業務を行うことがあります。公共工事などでは、建設コンサルタントから事業者の工事事務所などに出向し、品質や工程の管理、安全管理や出来高検査などの事業者の補助や支援などを行います。もちろん、これらの人たちが資材を運んだり、コンクリートを打ち込んだり、直接工事を行うわけではありませんが（昔は国直轄の工事で実際に工事に従事していたこともあります）、工事が円滑に進むための管理業務を行っているのです。

実際に構造物を構築する人（施工者）は、資材の発注や工程管理、作業指示などを行います。作業する人たちは、資材の運搬や足場などの仮設の組立て、鉄筋や型枠の組立てやコンクリート打込みなど実際の構造物を構築していく作業を行っています。他にも、現場内への誘導を行う人たち、工事に必要な資材などを納入するメーカーの人たち、工事に必要な各種機材のレンタルを行っている人たちもいます。

現場で働く人たちは、多くの業種から集まっていて、構造物を完成させるという目標に向かって一丸となってそれぞれの役割を果たしているといえます。

要点BOX

- ●事業者はデスクワークだけが仕事ではない
- ●設計者は施工管理を行う場合もある
- ●施工者はいろいろな業種の集まりである

事業者
デスクワーク
現場での監督業務
コンサルタント
設計業務
現場での施工管理
施工者
作業指示
現場作業

22 それぞれの立場での工程管理

現場の作業員と職員のタイムスパンは異なる⁉

工事を受注した建設会社は、工事の拠点となる現場事務所を建てます。大きな工事では、所長、副所長、事務課、工事課、工務課、機電課などがあり、各課には課長、係長、職員がいて、ちょっとした会社組織となっています。事務課では、資材の調達だけでなく、庶務一般や経理（職員の給与計算や、帰宅旅費（現場の場合、単身赴任者が多くいる）、事務所や現場の営繕などを行っており、まさに現場を下から支える重要な課といえます。例えば、資材の調達の遅れは直接工事の遅れになりますから、工事の工程を左右する立場にある重要な部署といえます。

現場の所長や副所長は、工事全体を俯瞰しながら、工事の進捗状況を的確に把握して、工程の遅延がないかどうかや工事の出来高（売上）を管理している立場です。当然、支出管理だけでなく、職員の人事も行っています。まさに会社の社長と同じで、工事がうまくいくかどうかは所長の腕次第といえます。したがって、現場の所長の職務は、工事期間中を無事故無災害で乗越えること、工期を守り（できれば工期前に竣工させる）、工事費用をできるだけ抑え利益を出すことであり、重責といえます。

工事の工程管理は、それぞれの立場で異なると以前現場にいた時にいわれたことがあります。現場の作業員は、その日の工程を考えて作業します。建設会社の工事課の職員は、その週の工程を考えて、日々作業員もしくは協力会社の職長に指示を出します。工事係長は、月間工程を考えながら部下の仕事の割り振りを行っています。工事課長は、他の課との調整を行いながら工事全体の進捗状況を管理し、大体年間工程を頭に据えて管理しています。所長は、工事全体の工程を管理しています。

同じ工事現場にいながら、実はそれぞれの立場でタイムスパンが異なっているので、見えている工事の風景は大きく違うといえます。

要点BOX

- ●現場事務は工事を支える大事な部署
- ●現場の所長は会社の社長と同じ
- ●同じ現場でも立場によって見える風景が違う

作業している人が見ている風景

職員が見ている風景

所長が見ている風景

23 現場施工と工場生産

現場での施工は工場製品よりもばらつきが大きい？

　土木構造物の場合、鋼構造物の多くは自動車や電化製品のような工業製品とまではいきませんが、工場で部品を作製し、現場で組み立てる場合がほとんどです。そのため部品は、工場での生産品に近い品質であるといえます。一方、鉄筋コンリート構造物の多くは現場でレディミクストコンクリートを打ち込み、締固め、養生し、仕上げるという現場作業が大半を占めています。そのため工場生産品に比べて、建設場所の気象環境（降雨の有無、気温、湿度、年較差や日較差等）や作業環境に大きく影響を受けることから、品質安定性が低下する（ばらつきが大きくなる）ことになります。もちろん、コンクリートの製造は現在ほとんどがレディミクストコンクリート工場で行われていますので、工場生産品と同様の品質管理が行われています。また、最近ではコンクリート二次製品（プレキャストコンクリート）がコンクリートの構造部材に使用されるようになってきており、戦前のように全て現場施工で行う場合に比べて、品質の安定性は向上しているといえます。それでもコンクリート構造物の施工では、コンクリートの打継ぎや気象条件によって、たとえ品質の安定したレディミクストコンクリートが供給されたとしても品質にばらつきが生じることになります。

　コンクリート構造物の品質は、施工の良否に大きく影響され、供給された生コンクリートの品質が良好であっても、コンクリート構造物の品質が必ずしも良好とは限らないのです。これは、コンクリート構造物を施工する場合、各作業の精度や構築された鉄筋コンクリート部材の性能が施工の良し悪しに左右されているからです。したがって、正しい知識を持ったコンクリート技術者がコンクリート構造物の品質確保および品質安定性の観点から、各施工作業段階で生産過程を確実に管理していくことが現場施工において重要であるといえます。

要点BOX
- 鋼構造物は工場生産品に近い品質がある
- コンクリート構造物の品質はばらつきがある
- 現場施工での品質管理は非常に重要である

鋼構造物の施工

鋼構造物の工場での部品作製

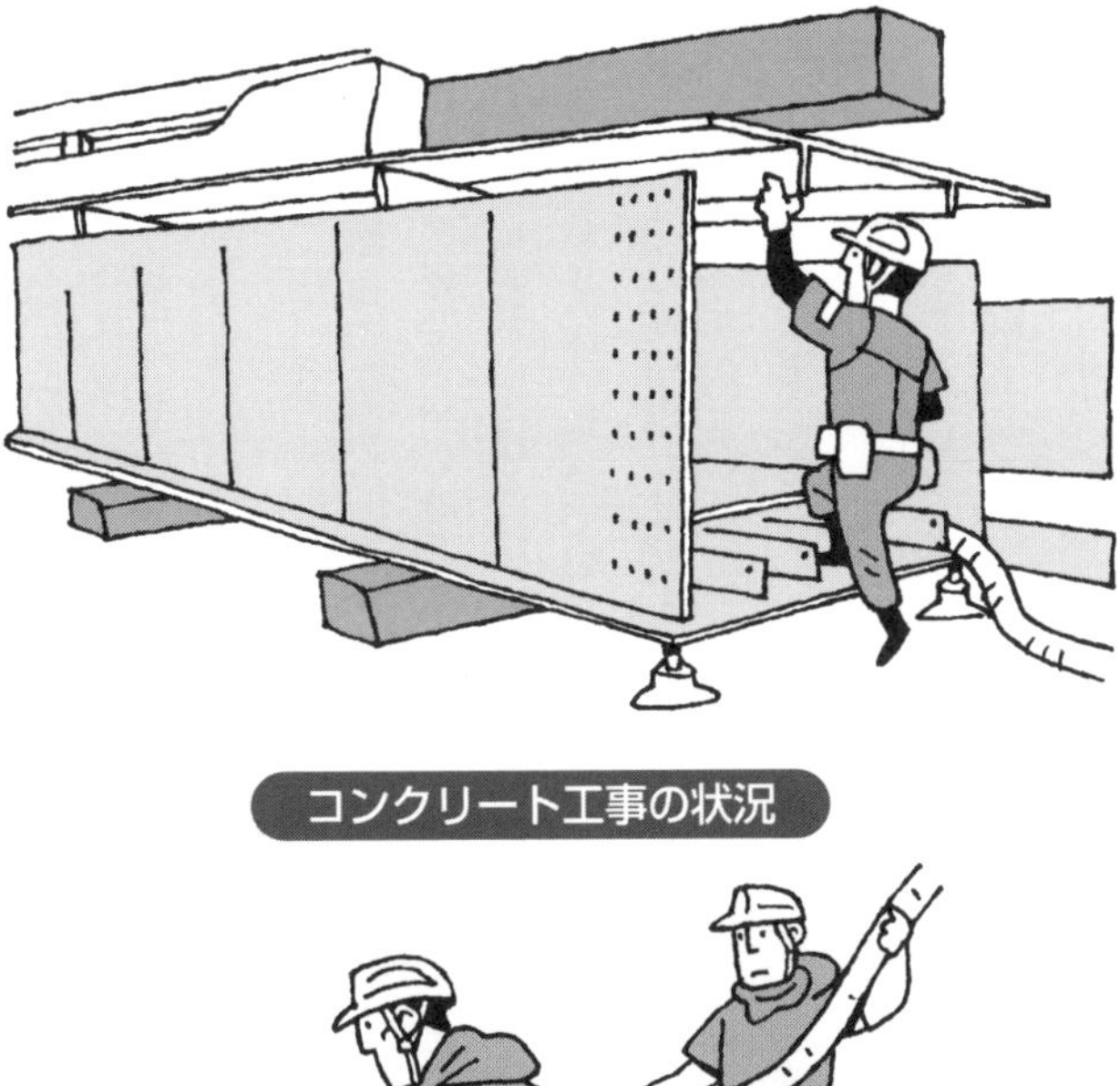

コンクリート工事の状況

24 プレキャスト化がコンクリートの施工を変える

プレキャスト化はプラモデルの組立てと同じ?

　コンクリート構造物の工事では、現場施工が基本となっています。現場で鉄筋や型枠の組立てを行い、コンクリートを打込み、締固め、養生を行います。現場での施工ですから、どうしても品質の安定性や気象条件などに影響を受けることになります。また、現場施工が中心であれば前述したように多くの作業工程があるので、工期の短縮や施工の合理化を行うことが難しいといえます。そこで、近年ではプレキャスト製品（工場で部材を作製したコンクリート製品）を用いた工事が行われるようになってきました。コンクリート構造の場合、鋼構造と異なり部材同士の接合においてどのように一体化させるのかが課題となっていましたが、最近では色々な工事で用いられるようになりました。

　コンクリートダムの監査廊（ダム堤体内に通路を設けて、点検や測定など行うもの）は、これまで現場施工で行ってきましたが、最近では多くの新設ダムでプレキャスト部材を用いており、工期の短縮（堤体コンクリートの打込みとは別に監査廊の型枠や鉄筋の組み立てを行う必要があり、堤体コンクリート打込みの障害となっていた）や省力化が図られています。橋梁工事でも桁の施工をプレキャストで行う工事が増えています。工場や現場ヤードで製作したプレキャスト部材を架設機械で繋ぎ、プレストレスを導入して一体化させます。これにより、施工の省力化や合理化、工期短縮を行うことができるようになりました。この他にもトンネルのシールド工法におけるセグメントや防波堤、護岸などにもプレキャスト部材を用いた施工が行われています。

　建築工事では、柱や梁、外壁などがプレキャスト化しており、以前見学した現場はまるで1分の1のプラモデルを造るように、各部材（パーツ）をはめ込んでいました。また、3Dプリンティングが普及すれば、現場での施工自体も大きく変わることになります。

要点BOX

- ●プレキャスト化で工期短縮・省力化
- ●土木・建築を問わずプレキャスト化
- ●コンクリート部材のプレキャスト化

ダム監査廊のプレキャスト化

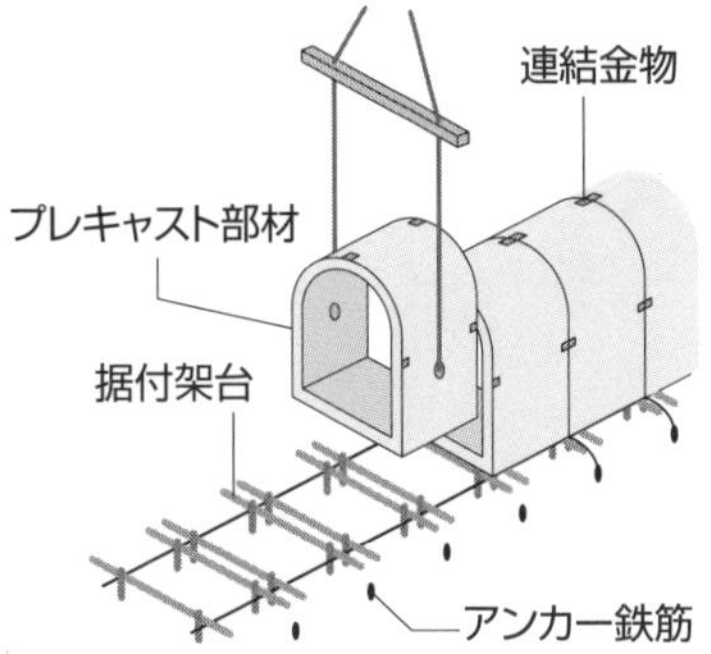

プレキャスト部材設置要領

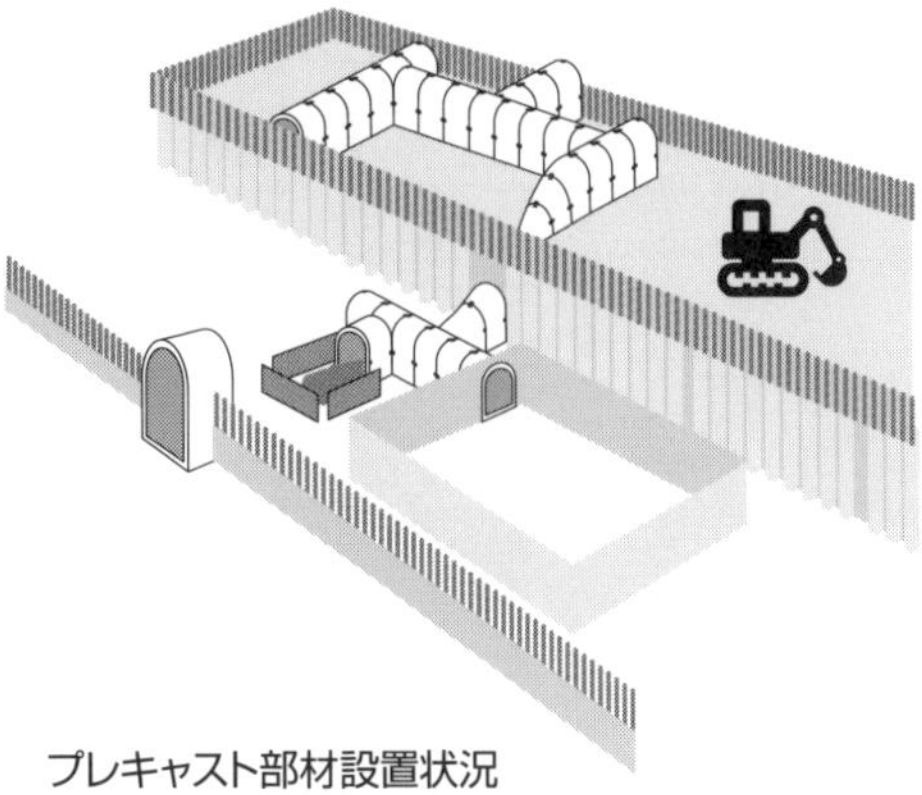

プレキャスト部材設置状況

出典:前田建設工業ウェブサイトをもとに作成

橋梁建設におけるプレキャスト化

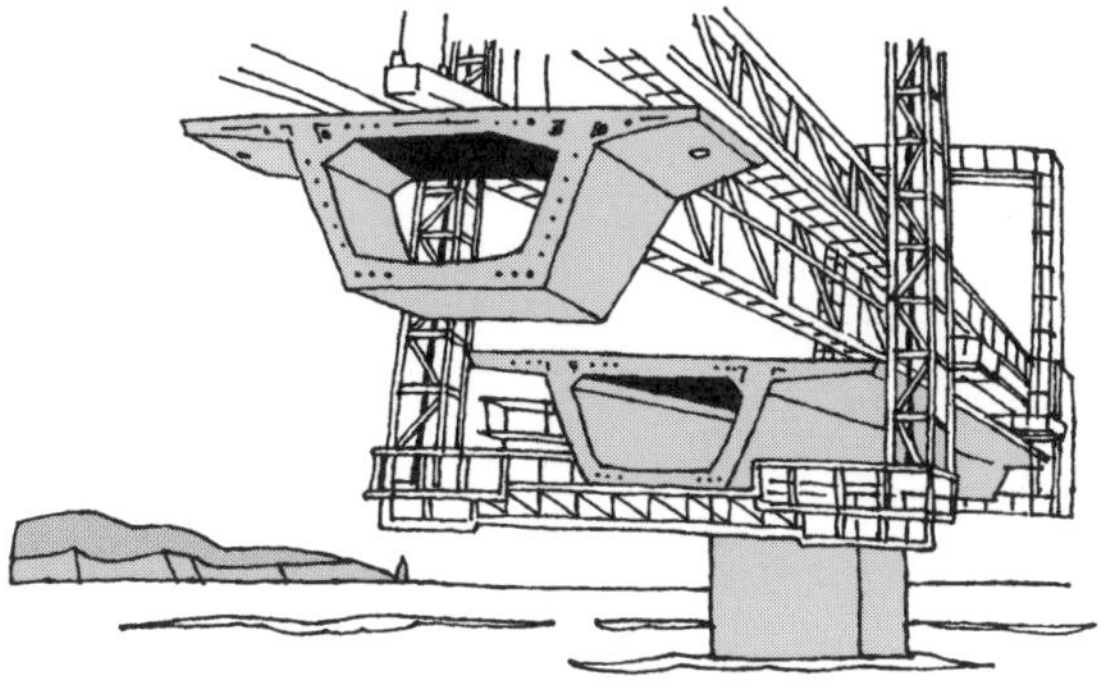

建築工事におけるプレキャスト化

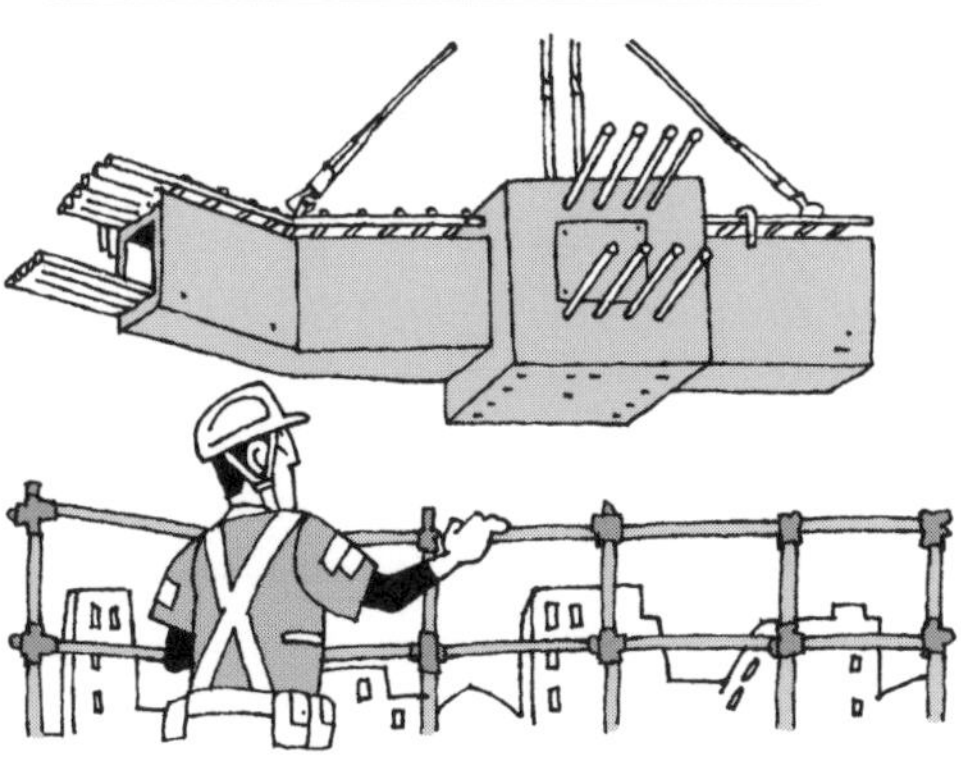

25 鉄筋コンクリート構造物の施工の流れ

鉄筋コンクリート構造物の現場施工

鉄筋コンクリート構造物の施工は、プレキャスト化が進んでいるといっても、やはり施工の主流は現場施工となります。鉄筋コンクリートを用いた工事では、構造物の部材構築のための型枠の作製および部材内部の鉄筋の加工・組立てを最初に行います。型枠組立ての際には、コンクリート打込み時の側圧（コンクリートは硬化するまでは粘性を持った流体に近い材料（ビンガム流体）なので、外側に広がろうとする力が働く）に耐えるだけの材質のものを用います。ただし、型枠自体大きな板ですので、コンクリート打込み時に孕《はら》みが生じてきます。そのため、幅止め筋といわれる鋼材を型枠に直交する形で配置します。鉄筋は図面通りに配筋しますが、かぶり（コンクリート表面から鉄筋までの最短距離）を確保するために、セパレータ（スペーサーなどともいう）という治具を設置します。また、配筋する際に必要となる鋼材（補助鉄筋、段取り筋で構造設計上必要としない鋼材）で組立てを行います。

次に、配筋され組み立てられた型枠内にコンクリートを打ち込みます。打ち込んだコンクリートが充填されるようにバイブレータなどを用いて締固めを行います。打込み後、仕上げ面となる場合にはコンクリート上面のブリーディング（材料分離したセメント・砂の微粒分を含んだ水）がある程度落ち着いた状態でコテ均《なら》しを行います。打ち継ぐ場合には、硬化する前にレイタンス（垢のような弱層部）を高圧水などで除去します（グリーンカットという）。

コンクリートが必要な強度に達したら型枠を外します（脱型）。この作業を繰返し行って構造物を構築していきます。コンクリートが十分な強度（構造物を支えるのに必要な強さ）が得られるまで養生をしっかり行います（散水したり湛水（水を溜める）したりする）。コンクリートの場合は、これだけ手間暇かけて施工していくのです。

要点BOX

- ●コンクリート工事の主流は現場施工
- ●鉄筋を設計図通りに配置するための組立筋
- ●コンクリートの施工には多くの作業工程がある

鉄筋の組立て

セパレータ

ダムコンクリートの打込み・締固め

コンクリートの打継ぎ処理（グリーンカット）

26 コンクリートの製造方法

生コンクリートは戦後生まれ

コンクリートは、セメントと水と砂と砂利をある割合で混ぜ合わせて造ります。コンクリートの製造は、各材料の決められた量を計量し、ミキサと呼ばれる機械で練り混ぜて、現場に運搬するための機器（トラックアジテータ車など）に積み込むまでの作業です。今では、コンクリート工事におけるコンクリートの製造のほとんどがレディーミクスコンクリート工場（生コン工場）で製造されています。この生コン工場が最初にできたのは、戦後間もない1949（昭和24）年東京の琴平橋でした。今では全国に約3000工場あり（JIS認定工場は約9割）、全国のほとんどの場所で建設現場の近くから工業製品として生コンクリートを入手することが可能です。その製造量は約7400万㎥（令和4年度）となっています。

コンクリートの製造において、その要となるのはコンクリートミキサです。明治、大正では輸入に頼っていましたが、1930（昭和5）年に国産のミキサが製作されました。「ウォーセクリーター」という名称で、1935（昭和10）年から工事が始まった塚原ダムの施工に使用されました。1970年代までは、コンクリートミキサの型式としては傾胴型ミキサが主流でしたが、その後、より練混ぜ効率の良い強制練りミキサに順次替わっていき、現在ではほとんどの生コン工場が強制二軸ミキサとなっています。この強制練りミキサは傾胴型ミキサに比べて練混ぜ効率を飛躍的に向上させ、練り混ぜ時間を大幅に短縮することができ、品質の安定した生コンクリートを大量に供給することを可能にしました。

コンクリートの製造は自動化が進み、現在では計量から練混ぜ、排出までほぼ自動で行われています。以前は、バッチャプラント（コンクリートを製造する場所）のミキサのすぐ横に操作室がありましたが、今ではプラントから離れた事務所内の一角で操作が行われています。

要点BOX

- コンクリート製造の要はコンクリートミキサ
- 強制練りミキサが現在の主流
- コンクリートの製造は遠隔操作

現在の生コン工場

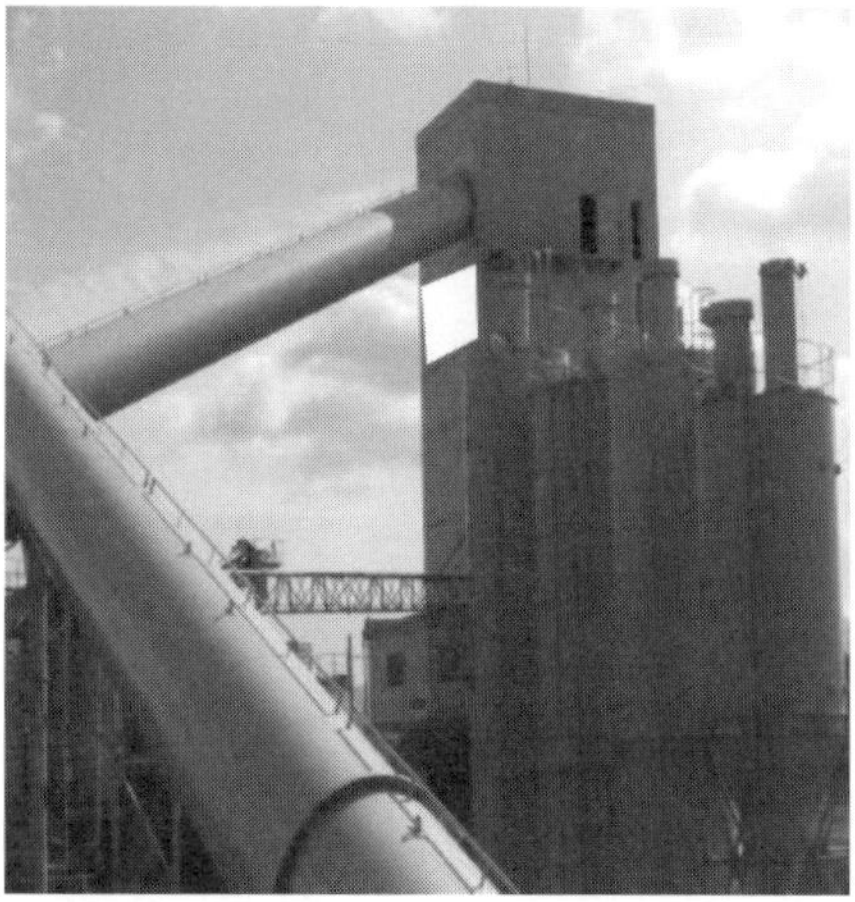

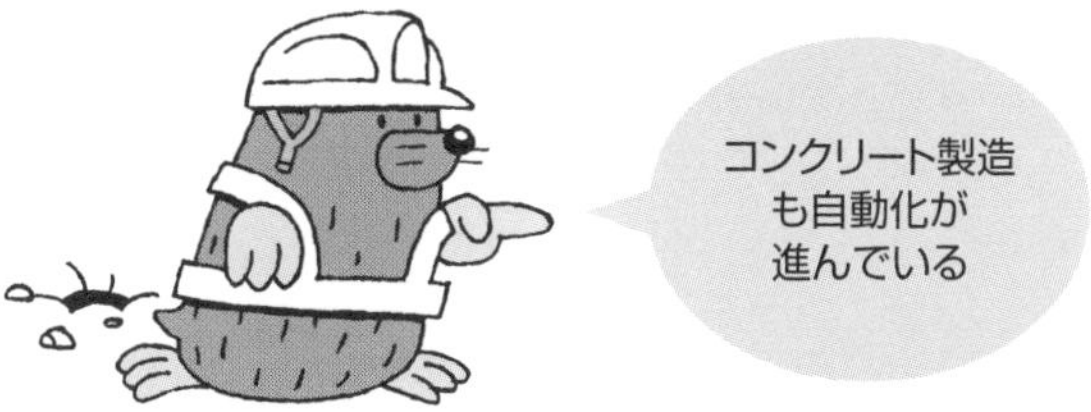
コンクリート製造
も自動化が
進んでいる

傾胴式ミキサ

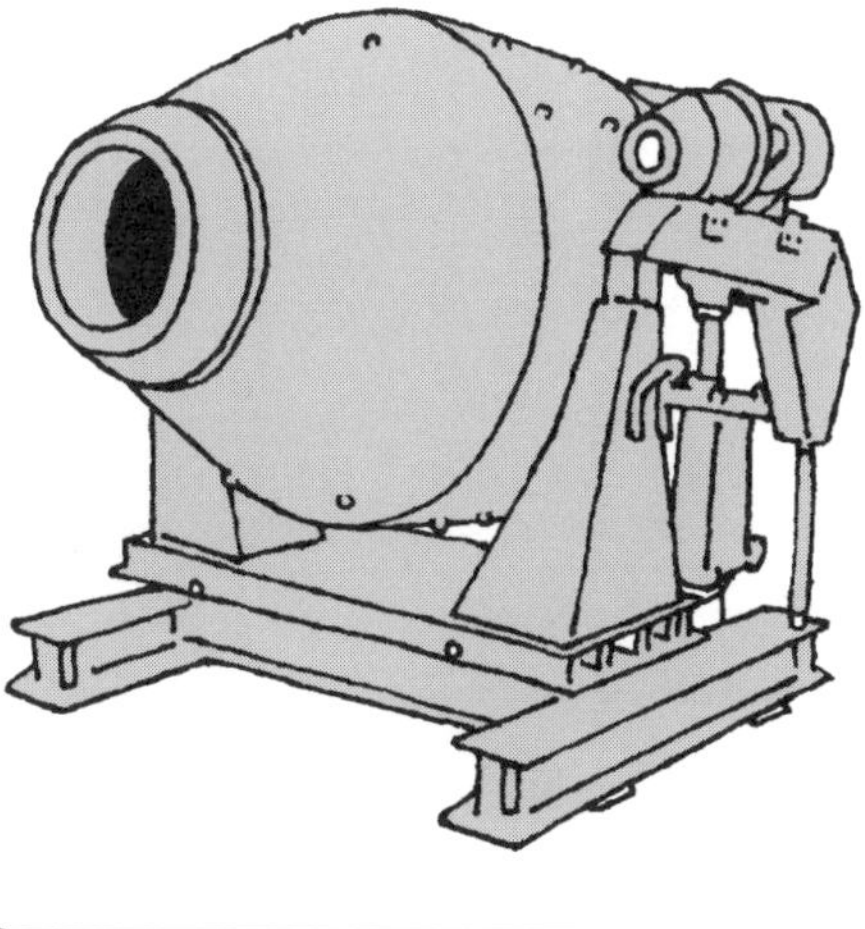

強制二軸ミキサ

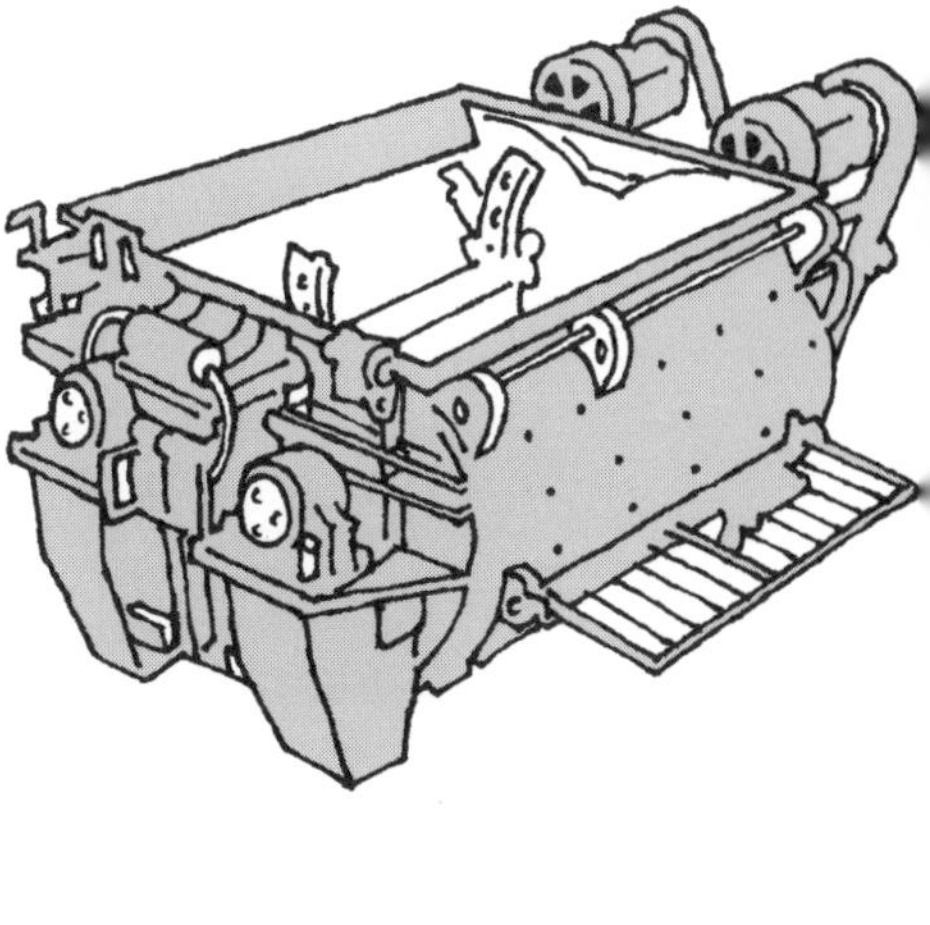

27 製造場所から荷卸し場所までの運搬

現場までのコンクリートの運搬

生コン工場（レディーミクストコンクリート工場）でコンクリートを製造したものは、現場まで運搬しなければなりません。コンクリートダムでは、多くの場合、現場内にバッチャプラントを建てるので、打込み場所まで直送することができます（ただし、運搬の方法は色々ある）。生コン工場から現場での荷卸しまでが生コン工場の責任範囲となっています（JIS（日本工業規格）で、練混ぜ開始から荷卸しまでの運搬時間が規定されている）。現場までの運搬には、ほとんどの場合トラックアジテータ車（生コン車）を用います（スランプが小さい（固い）コンクリートの場合にはダンプトラックを用いる）。コンクリートの運搬にトラミキ（トラックミキサー車）を使うといわれる場合もありますが、正確には間違いです。トラックミキサー車は、工場で材料を積込み（練混ぜはしない）、運搬中に荷台に積んでいるドラムで練混ぜを行って、現場到着時にはコンクリートが練り上がっているようにします。欧米では今でもトラックミキシングが行われていますが、日本ではほとんどありません。日本は、生コン工場でコンクリートを製造し、現場到着まで材料分離したり、品質が低下したりしないようにドラムを回転させながらコンクリートを撹拌しているのです。

生コン工場から現場まで運搬する生コン車が開発されたのは、1950（昭和25）年頃で、生コン工場ができた時期とほぼ同じ時期です。当初は、ダンプトラックの荷台に直接もしくは鉄桶を置いて運んでいたようですが、その後現在のような傾胴型のドラムを搭載したものが登場しました。ドラム内にはスパイラル状のブレードが付いていて、運搬時には正回転させてコンクリートを撹拌し、現場での荷卸しにはドラムを逆回転してコンクリートを排出します。コンクリートは、生ものなので賞味期限（固まってしまう）があることを忘れないようにすることです。

要点BOX

- ●生コン車は戦後生まれ
- ●コンクリートにも賞味期限がある
- ●現場で荷卸しするまでが生コン工場の仕事

トラックミキサー車とトラックアジテータ車

外見では違いがほとんどわからない

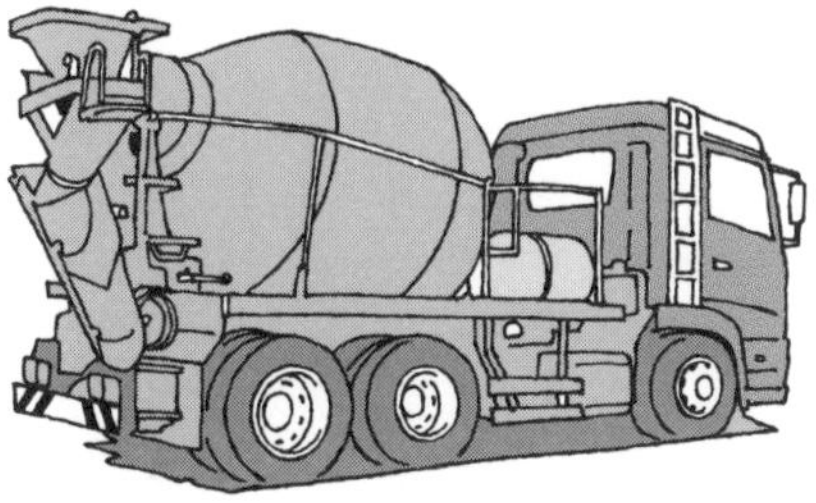

初期の生コン車

左がハイロー型、右が傾胴型

トラックアジテータ車のドラム内

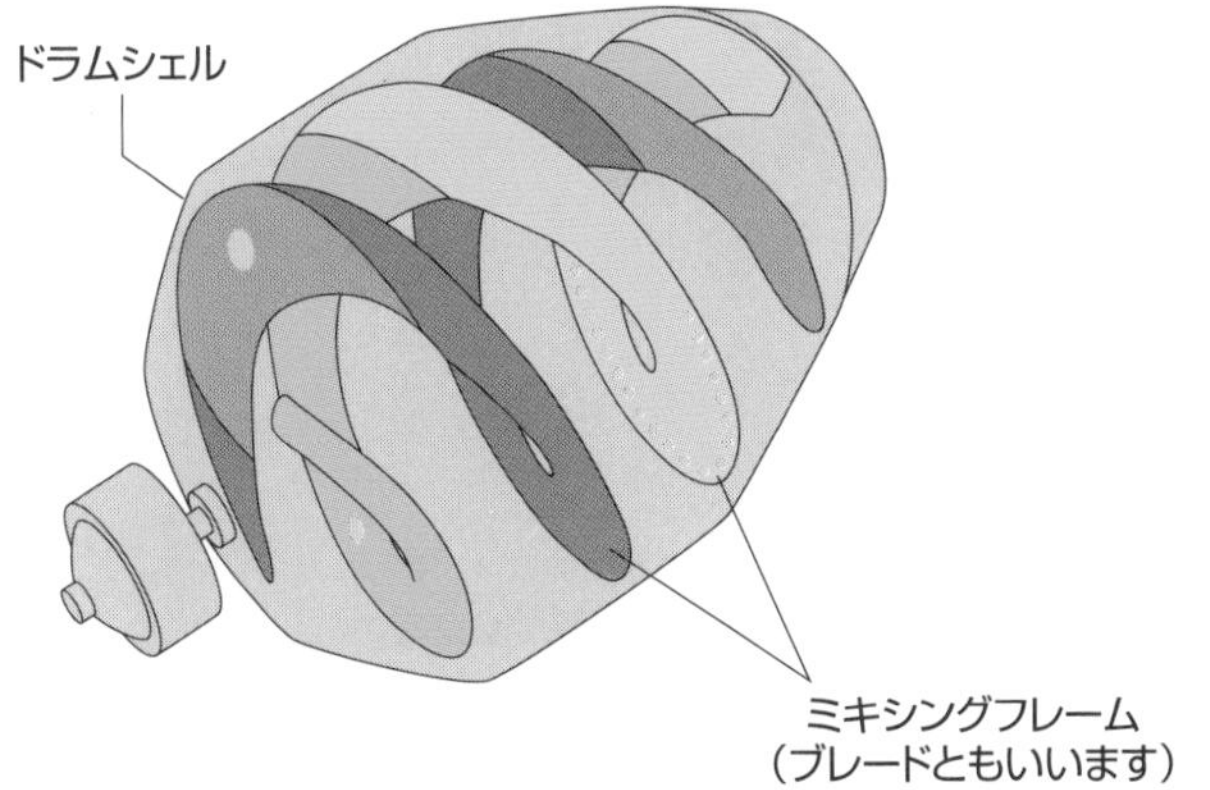

28 現場内でのコンクリートの運搬

現場内の運搬はポンプが主流！

現在のコンクリート工事において、生コン工場から現場までの運搬のほとんどは生コン車で行われます。現場でコンクリートを荷卸しした後は、施工者が責任をもって打込み場所までコンクリートを運搬します。ちなみに、土木の分野ではコンクリートを運搬するといいますが、建築の分野では輸送と呼んでいます。コンクリートの現場内での運搬は、主にコンクリートポンプ車を用いて行われます。コンクリートポンプは、1900年代前半に開発され、戦後日本にも技術導入され、1950（昭和25）年に国内での生産が始まりました。当初は定置型の機械式ポンプでしたが、1960年代に振動が少なく吐出量の調整が楽で軽量な油圧式のコンクリートポンプが開発され、現在では油圧式がコンクリートポンプの主流となっています。定置式だったコンクリートポンプでは、機動性が低いことから、1960年代中頃にコンクリートポンプ車が開発されました。また、コンクリートを連続的に圧送することができるシリンダー型のポンプ車が1960年代中頃に開発されました。さらに、高度経済成長期の1960年代後半になると大量急速施工が求められるようになり、コンクリートポンプ車にブームを取り付けられたものが開発されました。これで、コンクリートポンプ車から直接打込み場所までコンクリートを圧送することができるようになり、それまでの打込み場所までの配管作業や打込み場所の移動に伴う配管の切り替え作業が大幅に軽減され、コンクリートの打込み作業の省力化や合理化が進みました。

現場でのコンクリートの運搬は、この他にもバケットによる運搬（大きなバケツにコンクリートを入れてクレーンで打込み場所まで運ぶ方法）、ベルトコンベアを用いた運搬、シュートを用いた運搬などがあります。いずれの運搬方法でもコンクリートが材料分離しないように細心の注意が払われています。

要点BOX

- ●コンクリートポンプ車の登場が施工を変えた
- ●材料分離しないように運搬することが大事
- ●現場内を運搬する方向は色々ある

機械式ポンプと油圧式ポンプ（定置型）

出典:機械部会　コンクリート機械技術委員会「コンクリート機械の変遷（4）」、
建設機械施工　Vol.66 No.6 June 2014、一般社団法人日本建設機械施工協会

コンクリートポンプ車（スクイーズ型とシリンダ型）

出典:機械部会　コンクリート機械技術委員会「コンクリート機械の変遷（4）」、
建設機械施工　Vol.66 No.6 June 2014、一般社団法人日本建設機械施工協会

ブーム付コンクリートポンプ車

出典:機械部会　コンクリート機械技術委員会「コンクリート機械の変遷（4）」、
建設機械施工　Vol.66 No.6 June 2014、一般社団法人日本建設機械施工協会

29 鉄筋加工・組立ては構造物の性能を左右する

鉄筋加工・組立ての精度が鉄筋コンクリート構造物の耐久性を決める!?

コンクリートは、圧縮(押される力)には強いのですが、引張(引っ張られる力)には弱く、圧縮の10分の1くらいの力で壊れてしまいます。そのため、コンクリートで構造物を造る場合には引張が働くところに補強材(主に鉄筋)を組み込みます。鉄筋には大きく分けて丸鋼と異形鉄筋の2種類があります。当初は丸鋼を用いられていましたが、コンクリートとの付着が十分でないことなどから、異形鉄筋が用いられるようになり、今では土木分野における鉄筋コンクリート構造物のほとんどが異形鉄筋を用いています。異形鉄筋自体は、1880年代にアメリカで開発され、戦前はほとんどアメリカから輸入されていました。国内で生産されるようになったのは1950年代以降で、1964年にJIS規格が制定されてから急速に普及していきました。

鉄筋コンクリートは、19世紀後半にフランス人のモニエやランボー、コアニエらによって発明されたものです。当初は、鉄筋を引張部ではなく部材中央に配置していましたが、後にドイツ人のケーネンによって鉄筋は引張部に配置すべきであるという論文が出され、現在の鉄筋コンクリート理論が確立していきました。したがって、鉄筋コンクリートが設計されたとおりの機能を発揮するためには、設計された位置に鉄筋を配置(配筋)する必要があります。鉄筋の位置がずれたり、加工(例えばフックなど必要とする角度に曲げること)や組立てが不十分だったりすると、必要とする耐荷力(構造物が支えられる力)を満足できなかったり、所要の耐久性(構造物が要求される性能を満足できる期間)を満足できなかったりします。鉄筋コンクリート構造物にとっては、鉄筋の組立て・加工は重要な作業工程の1つといえます。また、鉄筋は道交法の関係で通常12mの長さまでしか運べないので、鉄筋の組立てにおいてどのように継ぐかも重要となります。

要点BOX

- ●コンクリートは圧縮に強く引張に弱い
- ●鉄筋は引張に働く位置に配置する
- ●鉄筋をどのように継ぐかも重要

鉄筋の組立て（橋梁下部工のフーチング）

鉄筋の継手

- 鉄筋の継手
  - 重ね継手
  - ガス圧接継手
  - 溶接継手 ―― アーク溶接継手
  - アモルファス接合継手
  - 機械的継手
    - スリーブ圧着継手
    - ねじ節継手
    - 充てん継手

鉄筋の曲げ加工

●フックの形状

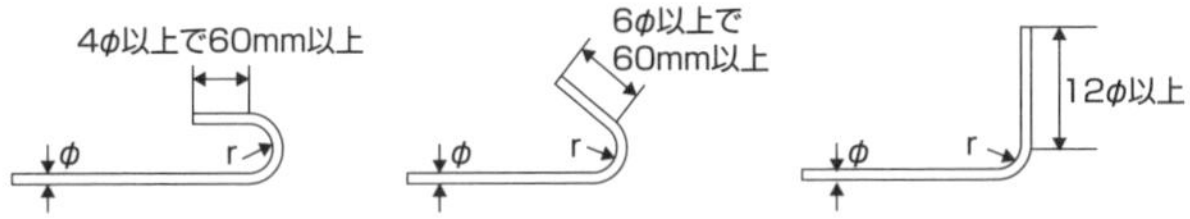

φ：鉄筋直径
r ：鉄筋の曲げ内半径

半円形フック（普通丸鋼および異形鉄筋）　鋭角フック（異形鉄筋）　直径フック（異形鉄筋）

●フックの曲げ内半径

種類		曲げ内半径（r）	
		フック	スターラップおよび帯鉄筋
普通丸鋼	SR235	2.0φ	1.0φ
	SR295	2.5φ	2.0φ
異形棒鋼	SD295	2.5φ	2.0φ
	SD345	2.5φ	2.0φ
	SD390	3.0φ	2.5φ
	SD490	3.5φ	3.0φ

φ:鉄筋直径

●折曲げ鉄筋の曲げ内半径

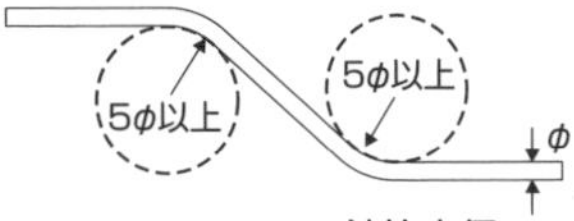

φ:鉄筋直径

折曲げ鉄筋の曲げ内半径は、鉄筋直径の5倍以上でなければならない。ただし、コンクリート部材の側面から2φ+20mm以内の距離にある鉄筋を折曲げ鉄筋として用いる場合には、その曲げ内半径を鉄筋直径の7.5倍以上としなければならない。

出典:土木学会コンクリート委員会コンクリート標準示方書改訂小委員会編「2017年制定　コンクリート標準示方書[設計編]」、2018、土木学会

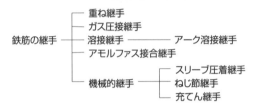

30 型枠はコンクリートの性能を左右する？

コンクリートをきれいに仕上げるためには型枠は重要！

コンクリート構造物を構築するためには、液体に近い生コンクリートが硬化するまでその形状を保持する必要があり、そのためには型枠が必須です。型枠には、色々な種類があります。最も多く用いられるのが鋼製型枠（メタルフォーム）といわれる鉄でできた型枠です。形が決まっているので、組み合わせて使うのですが、クリップと呼ばれる金具で簡単に組立て解体することができます。他の型枠に比べて丈夫なので何回も転用することができます。ただし、形が決まっているので、その場での加工が難しいことと錆が出易いのが難点といえます。

次によく使われるのが合板型枠と呼ばれる木製合板（コンクリートパネル（コンパネ））です。木製なので、その場での加工が容易であることや鋼製型枠に比べて保温性や保水性があります。また、表面を樹脂塗装しているので、コンクリート表面の仕上がりがきれいです。ただし、鋼製型枠に比べて剛性が小さいことと比較的傷が付きやすいので、転用回数が他の型枠に比べて少ないという課題があります。この他にも無垢の木製板を用いた木製型枠やアルミニウム合金型枠、プラスティック型枠などがあります。

型枠は、コンクリート表面の美観・景観を左右するだけでなく、表層品質（コンクリートのかぶり部分で耐久性に大きな影響を与える部分）にも左右します。コンクリートの耐久性は、多くの場合外部からの劣化因子によって鉄筋が錆びたりして低下します。部材厚が1mくらいあるコンクリートの表面数㎝部分でコンクリート構造物が長持ちするかどうかが決まってしまうのです。つまり、このまんじゅうの薄皮に相当する部分の品質をいかに向上させるかが鍵となります。そのため、表層部分のあばたなどを無くすために型枠に透水性の織布や吸水シートを貼った透水性型枠や高耐久のプレキャストコンクリート製の埋設型枠などが用いられることがあります。

要点BOX

- ●型枠には、用途に応じて色々な種類がある
- ●型枠の役目は美観・景観だけではない
- ●コンクリートの表層品質の向上を目指した型枠

型枠材料別の特質と標準転用回数

	利点	欠点	標準転用回数
木製型枠	加工性が容易である。 保湿性、吸水性を有する。	強度、剛性が小さい。 耐久性が低い。 セメントペーストが漏出しやすい。	3〜4回
合板型枠	コンクリートの仕上り面がきれいである。 メタルフォームより加工性がよい。 経済的である。	メタルフォームに比べると転用数が少ない。	4〜8回
鋼製型枠（メタルフォーム）	転用数が多い。 組立て解体が容易である。 強度が大きい。	加工が困難である。　重い。 保湿性が悪い。 さびが出やすい。	30回程度
アルミニウム合金型枠	メタルフォームに比べて軽い。 転用数が多い。 赤褐色のさびがでない。	高価である。 メタルフォームに比べて剛性が小さい。 コンクリートが付着しやすい。	50回程度
プラスティック型枠	軽い。 複雑な形状のものを量産できる。 透明のものも作れる。	衝撃に弱い。 比較的高価である。 熱、太陽光線に対して不安定。	20回程度

出典:公益社団法人日本コンクリート工学会 編著「コンクリート技術の要点'21」、2021

鋼製型枠とクリップ

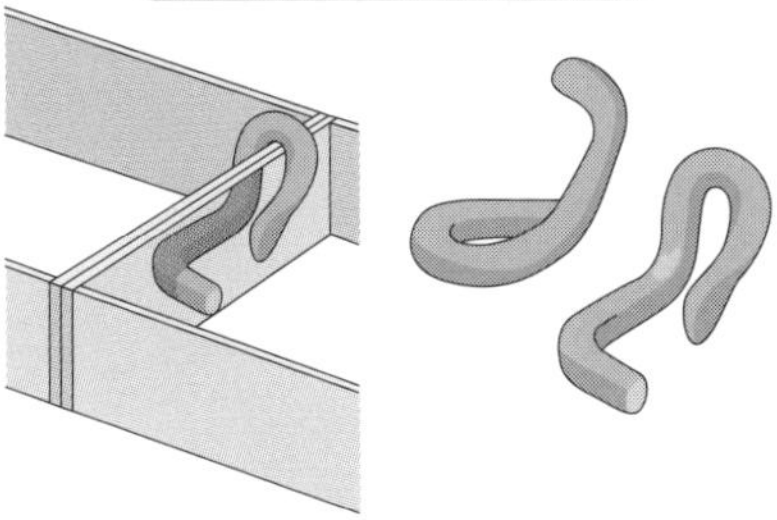

透水性型枠

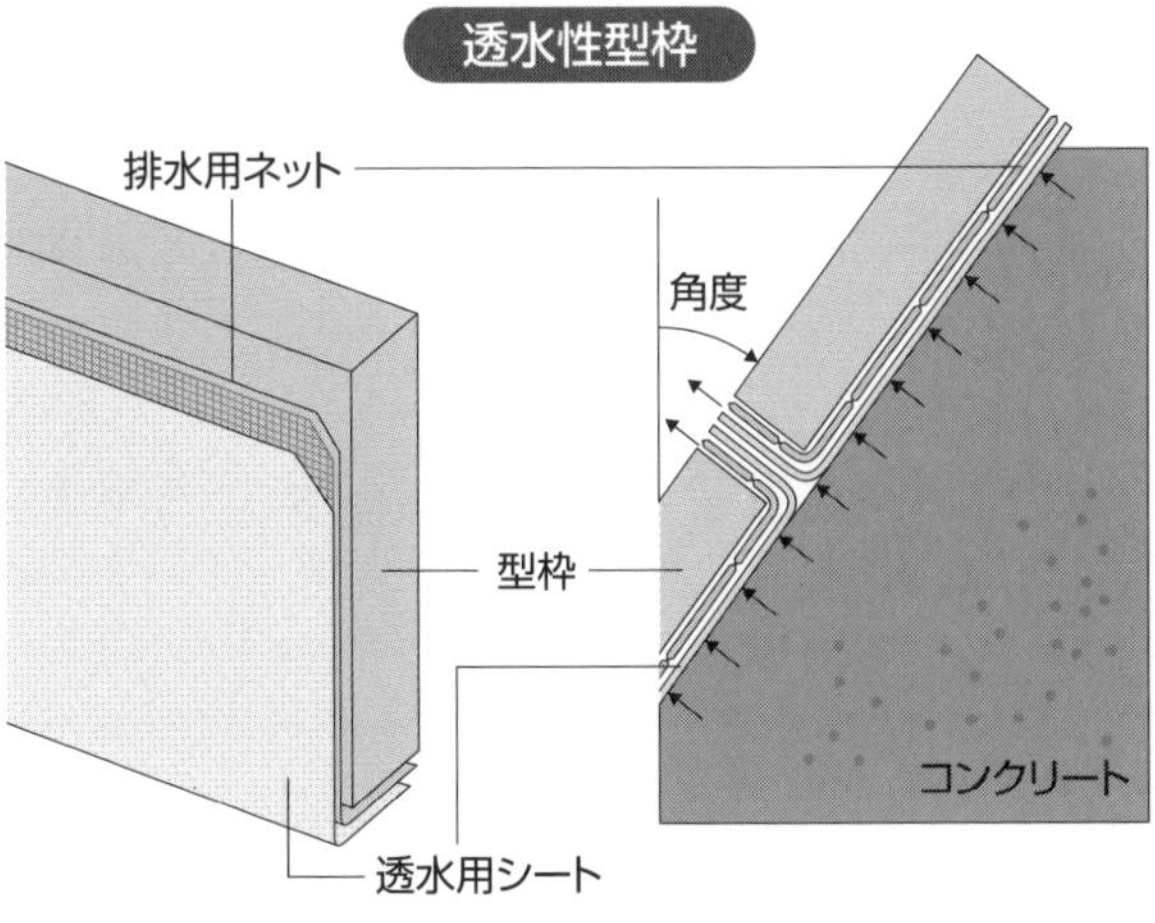

31 均質なコンクリートを打ち込む

コンクリート構造物の性能は、コンクリートをいかに均質に打ち込むかで決まる

どんなに良い食材を準備し、良い道具を用意しても調理自体がお粗末であれば、美味しい料理を味わうことはできません。コンクリート工事においては打込み作業が料理における調理に相当します。単にコンクリートを打ち込むだけですが（実際には色々なことを配慮して行う必要がある）、打ち込むまでの準備、コンクリートを打ち込むための体制、打込み速度や打ち込む順番、天候の予測と悪天候などへの対策などを事前に準備しておく必要があります。まさに、料理において調理道具を揃えておくことや調理の順番（何から炒めるかや一旦粗熱をとるなど）や火加減などを考えて行うことと同じです。

建設業界では、段取り八分という言葉をよく聞きます。作業は段取り（事前準備）でほぼ決まってしまうというものです。特に、コンクリートの打込み作業の場合、段取りをいかに抜けなく行うかどうかでうまくいくかが決まってしまいます。打込み作業がうまくいくかどうかは、コンクリートをいかに均質に打ち込むかどうかです。

コンクリートは、セメント、水、砂、砂利という密度の異なる材料を混ぜ合わせたものです。したがって、生コンクリートを落下させたり、狭い鉄筋の間を流動させたりすると、材料分離を起こしてしまいます。また、夏場の暑い時期の場合、コンクリートの打重ね時間（打ち込んだコンクリートと新しく打ち込んだコンクリートが接するまでの時間）が長いとコールドジョイント（コンクリート同士が一体化しないで固まってしまう）が生じやすくなります。さらに、打ち込む時間自体がかかってしまうと、打込み場所まで慎重に運搬してきた生コンクリートの品質が大きく低下してしまいます。

コンクリートの打込みは、いかに鮮度（生コンの品質）を落とさず手際よく所定の場所に均質な状態を保ちながら作業を行うかが重要なのです。

要点BOX

- ●コンクリートの打込みは調理と同じ
- ●コンクリートの打込みは段取りが重要
- ●コンクリートの打込み作業は品質確保が最優先

コンクリートの打込み作業

コンクリートの打重ね方法の例

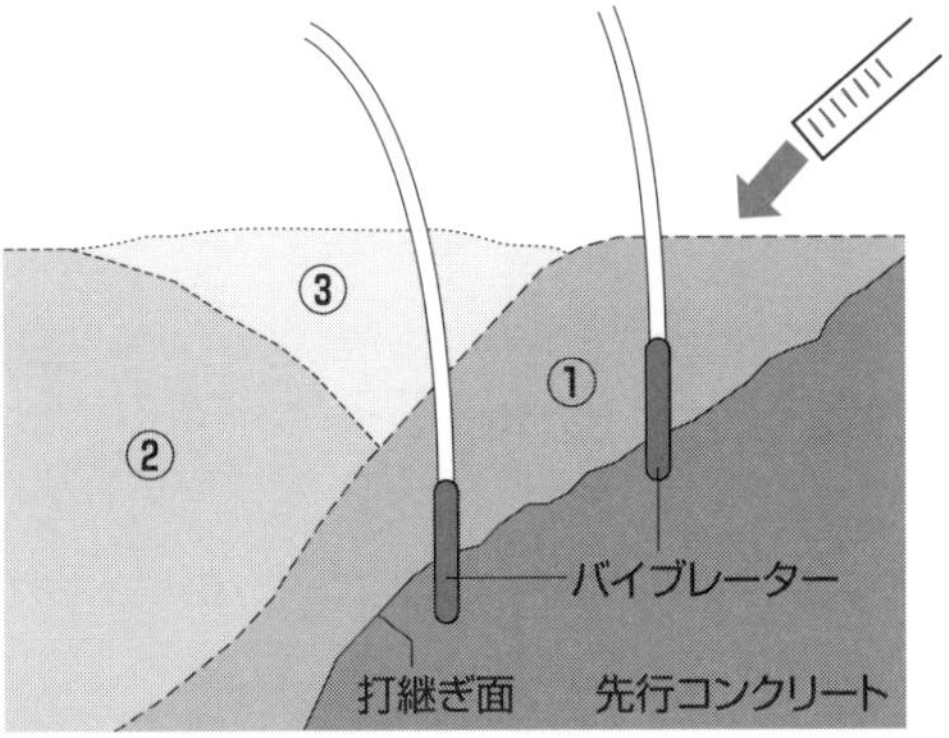

コンクリートの打込み方法（型押し打ちの場合）

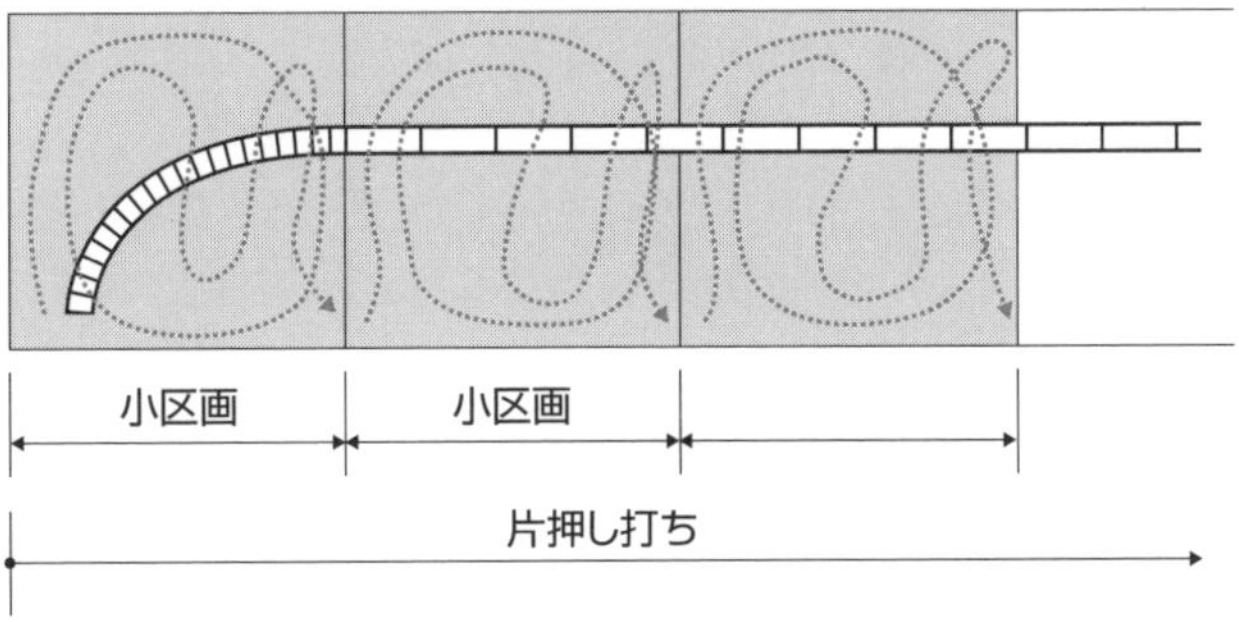

32 コンクリートを均質で密実とする締固め

締固めはコンクリートの空隙を少なくし、鉄筋との一体化を図る重要な作業

　長持ちするコンクリートを造るためには、練り混ぜる水を施工できる範囲でできるだけ少なくすることです。その場合、比較的固い生コンクリートとなります。この状態でコンクリートを打ち込むだけですと、部材内部に隙間（空隙）ができたり、鉄筋の周りに十分コンクリートがいきわたらなくなったりします。そのため、締固めという作業を行ってコンクリートを均質で密実な状態にするとともに、鉄筋などと一体化させます。コンクリートの打込み自体は、固い生コンクリートよりも柔らかい方が作業は楽になります。どんな状態かというと、お好み焼きともんじゃ焼き（溶いている水がお好み焼きの場合に比べて多い）を混ぜた状態で鉄板にそのまま広げた状態をイメージしてください。もんじゃ焼きの溶いた粉の方が水に近いので何もしなくても周りに広がっていきますが、具は真ん中に残ってしまいます。他方、お好み焼きはコテを使ってある程度広げないといけないのですが、具と粉は一体となっています。コンクリートの場合、多少固くても締固めという作業を行って（一手間かけて）均質で密実にしていくのです。現在では、バイブレータと呼ばれる電動の振動機を用いて行いますが、以前は竹の棒などで固いコンクリートを突き固めていたのです。バイブレータ自体は１９２０年代にフランスでエア式のものが発明され、日本にも輸入されました。その後１９３５（昭和10）年に国産のバイブレータが誕生します。その後締固め作業が大変であったダムコンクリート用の径の大きいものが開発され、作業効率が格段に向上したようです。

　現在のような電動式のフレキシブルタイプのバイブレータが登場するのは、１９５０年代に入ってからで、レディーミクストコンクリート工場（生コン工場）やトラックアジテータ車（生コン車）が日本で誕生した時期とほぼ同じです。これらの施工施設や機器が戦後の復興および高度経済成長を支えたのです。

要点BOX

- ●長持ちするコンクリートは固い
- ●バイブレータによる締固め
- ●バイブレータは生コン車と同時期に誕生

ダムコンクリートの締固め作業

フレキシブルバイブレータ

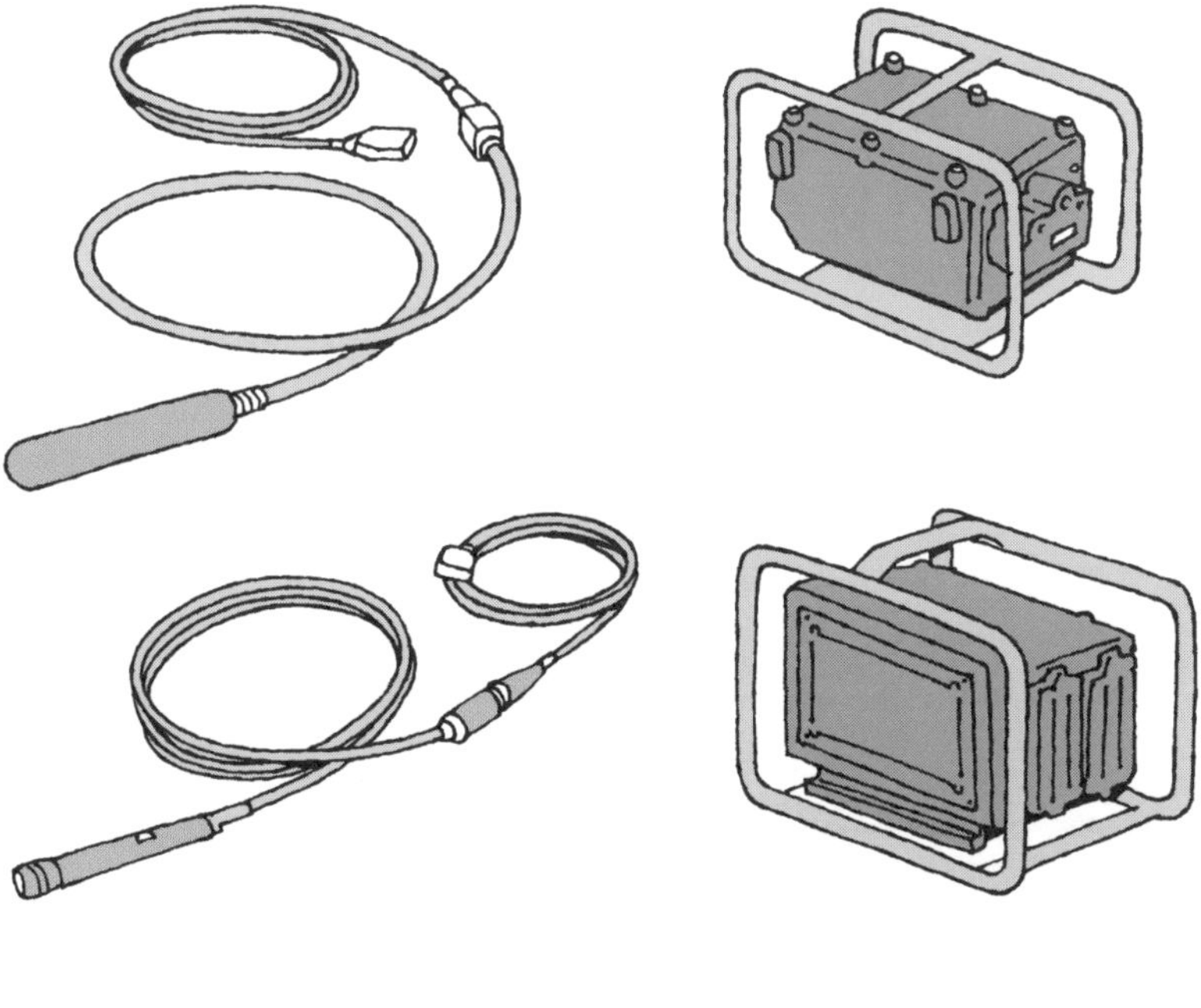

33 コンクリートの打継ぎは構造物の性能を左右する

打継部はコンクリート構造物の弱点となり易い

100万m^{3}のコンクリートダムを一度に施工することはできません。通常、コンクリートの打込みはダムを上下流方向にいくつかのブロックに分割し（左右岸方向にも分割する場合がある）、各ブロックを1m～2m厚さのリフト（層）に分けて打ち上げていきます。当然、ブロック間、リフト間には打継ぎができます。この打継部は、他の部位に比べて一体性が劣ることになります。この打継部をできるだけ一体化させないと漏水などが生じる原因となります。もちろん、他の鉄筋コンクリート構造物でも打継ぎはできますので、力の伝達（せん断力（部材同士のずれ）など）ができ、弱点部（劣化因子の侵入など）とならないようにする必要があります。

部材間にできる鉛直方向と水平方向の打継目において、水平方向の打継目についてはコンクリート打込み後、コンクリート上面にできたレイタンス（セメントや砂の微粒分などが堆積して固まった脆弱な層）を高圧水やブラシなどできれいに除去します。次のリフトを施工する場合には、モルタルを薄く敷いて旧リフトと新リフトの一体性を高める処置をします。鉛直部については、できるだけせん断力が小さい部位にして、打継面には圧縮力（押す力）を受ける面に設けるようにします。また、打継面は表面を削ったりして粗面にして新しく打継ぐブロックとの一体性を高めるようにします。さらに、最初から凹凸を付けた型枠（せん断キー）を用いてせん断力が伝達できるようにする場合もあります。

コンクリートダムの場合には、打継処理をしても上下流方向の継目から漏水する可能性がありますので、多くの場合ブロック間には上流側に二重の止水板、下流側に一重の止水板を設置します。このように打継部がコンクリート構造物の弱点部とならないようにして、構造物が満足できる機能とするために様々な工夫をして打継部の施工が行われるのです。

要点BOX

- 打継部についた垢（レイタンス）を取り除く
- 鉛直打継部は力の伝達ができるようにする
- 打継部を一体化させるための様々な工夫

水平打継目のレイタンス処理状況

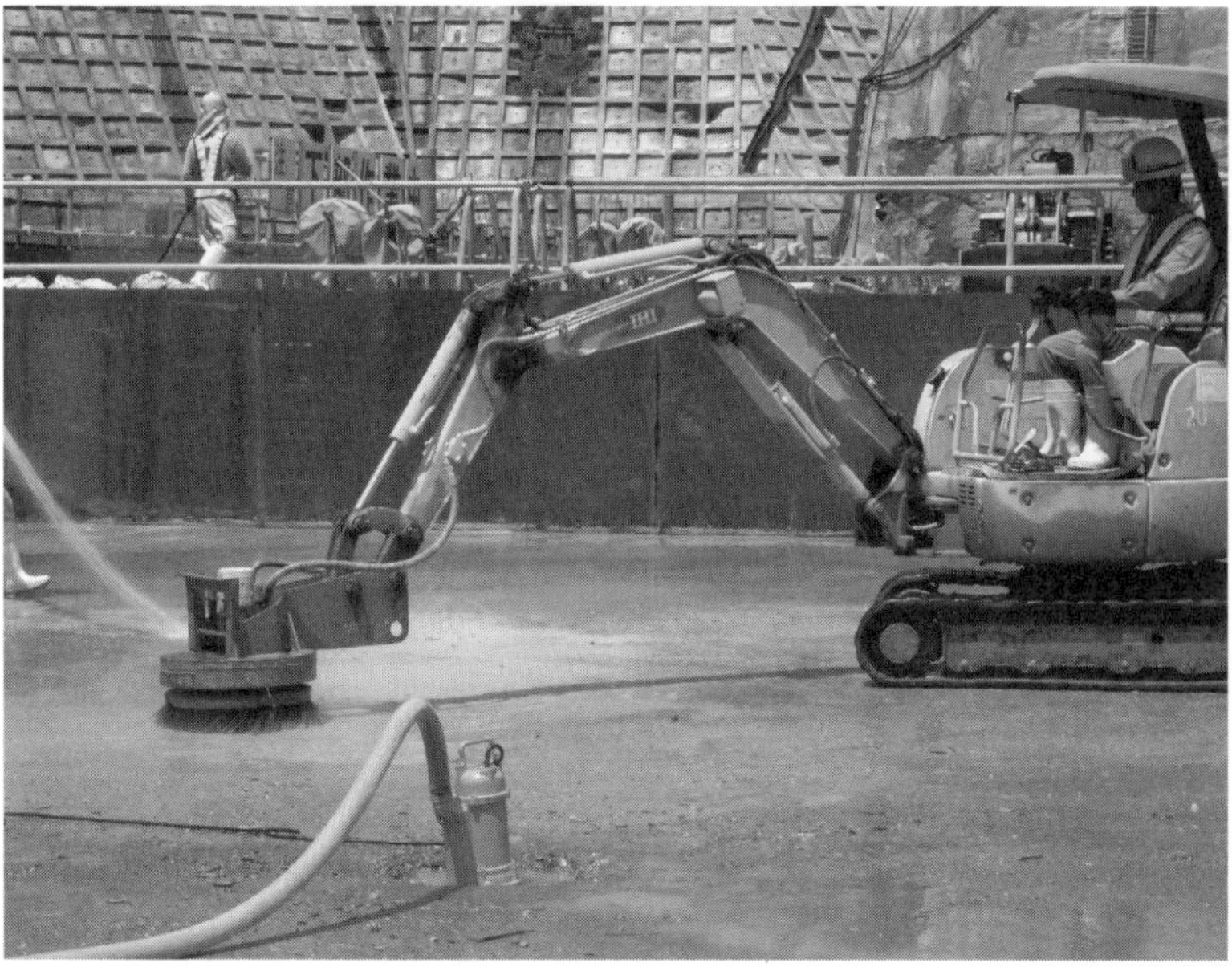

ダム上流側に設置した止水板

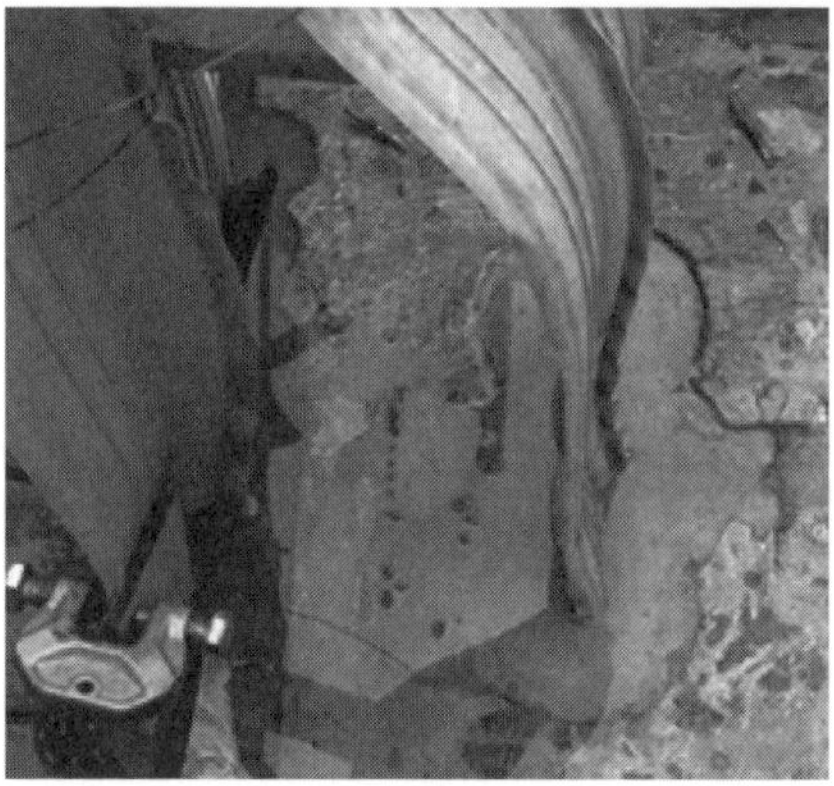

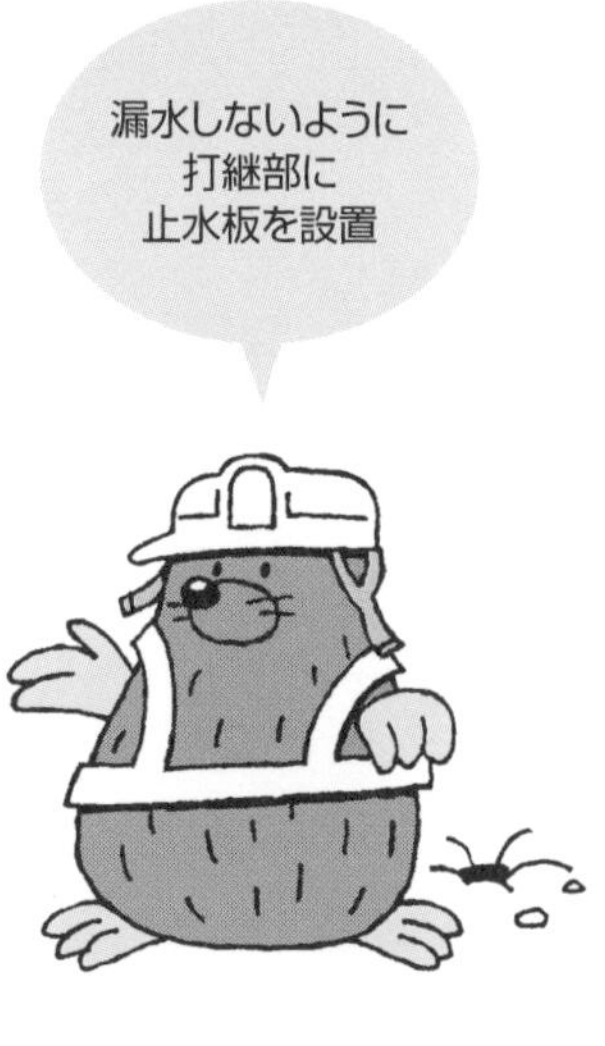
漏水しないように
打継部に
止水板を設置

34 養生はコンクリートの品質を決める

コンクリート打込み直後は赤ん坊のように労わってあげることが必要

型枠内に打ち込まれたコンクリートが硬化して設計に必要な強度に達するまでに通常約1ヶ月かかります。特に、コンクリートが打ち込まれてから固まって型枠が外されるまでの数日から1週間くらいは、人間の赤ん坊のように無防備で弱いので、十分な水を供給し、寒い時期には冷えないように人が手をかけてあげないと、必要な強度が得られないばかりかひび割れが生じたりしてしまいます。つまり、打ち込まれた後の初期の段階の養生次第でコンクリートの一生が決まってしまう可能性があるのです。コンクリートの養生の基本は、水を絶やさないこと、適切な温度や湿度に保ってあげることです。コンクリートは、セメントと水が化学反応を起こして固まります。これをセメントの水和反応といいます。この際、セメントは水を欲しがります。十分な水が与えられないと化学反応が起きないので、必要とする強度が得られなくなります（栄養失調のようなもの）。

セメントの水和反応は、化学反応なので養生温度が高いと反応が早く進みますし、寒い場合には反応が遅くなります。特に、コンクリートが打ち込まれて数日の間にコンクリート内部の温度が氷点下の温度になってしまうと強度が十分でない状態（発育不良）となってしまいます（初期凍害）。したがって、氷点下に曝されるような地域や時期には、コンクリートの温度が下がらないように、周囲を覆ってヒータなどで温めたり、型枠に断熱シートや断熱材を付けて熱が逃げないようにしたりします。セメントの水和反応は発熱反応なので、外に熱を逃がさないようしてあげれば自らの熱で温度を下げないようにすることができます（保温養生という）。

まだ十分固まっていないコンクリートは、振動を受けたり衝撃を受けたりすると壊れてしまいます。それらの力に十分耐えられるようになるまで型枠を外さないようにしてやるなどの養生も必要です。

要点BOX

- ●コンクリートが固まるには水が必要
- ●養生には適切な温度・湿度を保つことが大切
- ●衝撃振動はまだ固まらないコンクリートの大敵

養生方法には様々なものがある

- 養生
  - 湿潤養生
    - 水中
    - 湛水
    - 散水
    - 湿布（養生マット、ムシロ等）
    - 湿砂
    - 膜養生
      - 油脂系（溶剤型、乳剤型）
      - 樹脂系（溶剤型、乳剤型）
  - 湿度制御養生
    - マスコンクリート
      - パイプクーリング
      - 保温養生　など
    - 寒中コンクリート
      - 断熱、加熱、蒸気
      - 電熱　など
    - 暑中コンクリート
      - 散水、日覆い　など
    - 現場プレキャストコンクリートの促進養生
      - 蒸気、給熱　など
  - 有害な作用に対する保護（振動、外力に対する養生など）

ダム下流面での保温養生

35 コンクリートの耐久性・水密性を向上させる仕上げ

コンクリートの仕上げの目的は美観・景観だけではない

土木構造物の場合、コンクリート表面は打ち放しが基本となるので、建築のように外壁材を貼り付けたり塗装したりすることはほとんどありません。使用した型枠面に汚れがなく、コンクリートの締固めなど入念な施工を行って表面付近の水や空気泡が取り除かれていれば、型枠脱型時にはコンクリート表面が鏡のようになっています。コンクリートの仕上げ面がキレイであれば、多くの場合、密実なコンクリートになっているのです。コンクリート表面をキレイに仕上げるには、4章の「型枠」でも述べていますが、透水型枠の使用が効果的といえます。型枠のコンクリートと接する面に透水用のシートや織布、不織布を取り付けることで、コンクリート表面の気泡や余剰水、ブリーディング水（生コンクリートの水が一部材料分離したもの）などが透水シートなどを通って排出されるので、あばたなどがなくなります。

この透水性型枠を用いることで、コンクリート表面の美観が向上するだけでなく、気泡や余剰水が排出されることでコンクリートの表面部の水セメント比が小さくなり（水とセメントの質量比で、小さいほど強度が大きくなる）、表層部の組織が緻密化されるので、耐久性や水密性が向上します。この他にも、耐久性を向上させるために、表面保護材をコンクリート表面に被覆したり、含浸（染み込ませる）させたりする工法が施工時に適用されるようになってきています。これにより、遮水性や遮塩性が高まり、鋼材腐食を抑制することができます。

以前、ある現場のコンクリートの打込みに立会った時、打込み終了が20時を過ぎていたのですが、それまで待機していた職人さんたちが大きな木鏝《きごて》を持って上面仕上げ（荒仕上げ）を始めました。ブリーディングが引いてから金鏝《かなごて》仕上げが終わったのは0時を過ぎていました。コンクリートの仕上げひとつとっても大変な作業であるとその時痛感しました。

要点BOX

- 土木はコンクリート打ち放しが基本
- 表面をキレイに仕上げれば耐久性も向上する
- 土木構造物でも仕上げ材を用いる

コンクリートの上面仕上げ

透水型枠未使用

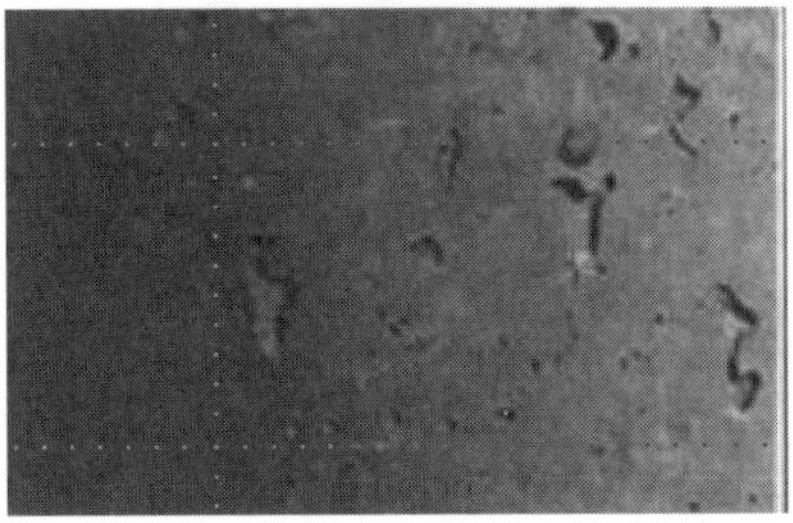

透水型枠使用

表面保護工法

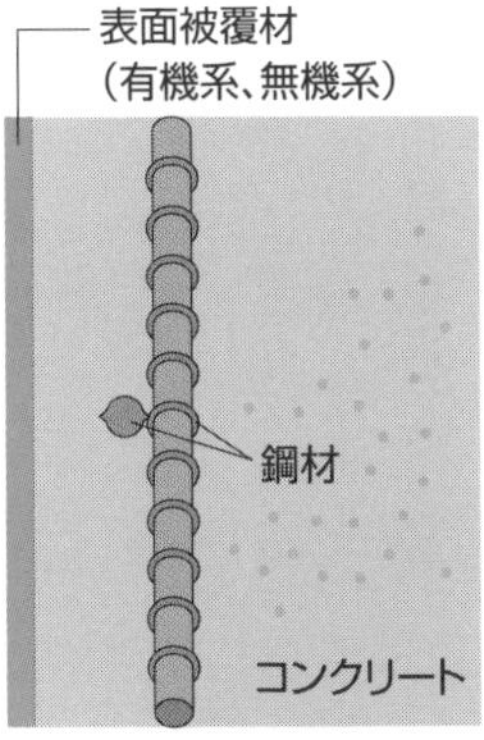

表面被覆工法

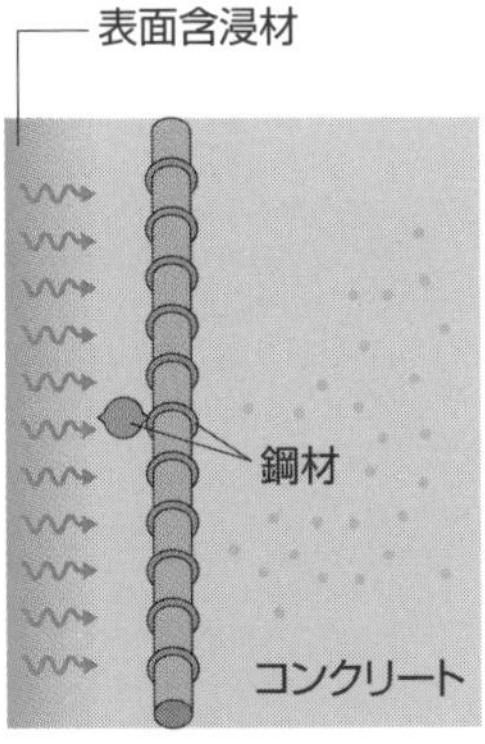

表面含浸工法

出典：公益社団法人日本コンクリート工学会　編著「コンクリート技術の要点'21」、2021

36 土工事の施工

土工事の多くは水との戦い

土工事は、1章で述べたように基礎工事や掘削、埋立て、造成など土木構造物を構築する上でほとんど行われています。土工事の場合、極端な言い方をすれば土をいかに効率よく動かす（切盛りする）かにあるといえます。土を盛ると圧密沈下という地盤沈下を起こすことがあります（軟弱な粘性土（粘土質ともいわれていて、土粒子が半分以上含まれる土質）が盛土などによって、土の間の水が少しずつ排水されて体積が減少する地盤沈下の現象の1つ）。そのために、軟弱地盤に盛土をする場合、土中から水を抜いて圧密促進させるバーチカルドレーン工法（ペーパードレーン工法やサンドドレーン工法）などが行われています。

関西空港では、築島工事において沖積層（海底に堆積している軟弱地盤）にサンドドレーン工法を適用して築島後1年程で沈下が収まっています。ただし、その後もゆっくりですが沈下は続いています。これは、沖積層の下にある洪積層（厚さが400mほど）が少しずつ圧密されているためです。

一方、地面を掘削すると掘削した面が崩れてこないように土留めを行います。矢板やH鋼、鋼管などを打込んだり、セメント系の固化材と現地発生土を混ぜて柱状に並べたり、鉄筋コンクリートによる地中連続壁を構築したりします。これは、掘削面が崩れないようにするためと止水を目的としています。これらの土留め工（山留工）を行っても地盤の変形などが抑えられない場合には切梁《きりばり》（つっかえ棒）をします。また、掘削した底面が破壊する現象（ヒービング、ボイリング、盤ぶくれ）が生じる場合があります。その多くは地下水が原因で生じるものです。

土工事では、盛るにしても切る（削る、掘削する）にしても崩壊しないための対策を講じながら施工を行う必要があります。土工事は、その原因である土中の水とどう戦うかにかかっているのです。

要点BOX

- ●盛土をすると沈下する
- ●掘削したら土留めをする
- ●掘削底面の破壊を防ぐ

圧密沈下(関西空港)

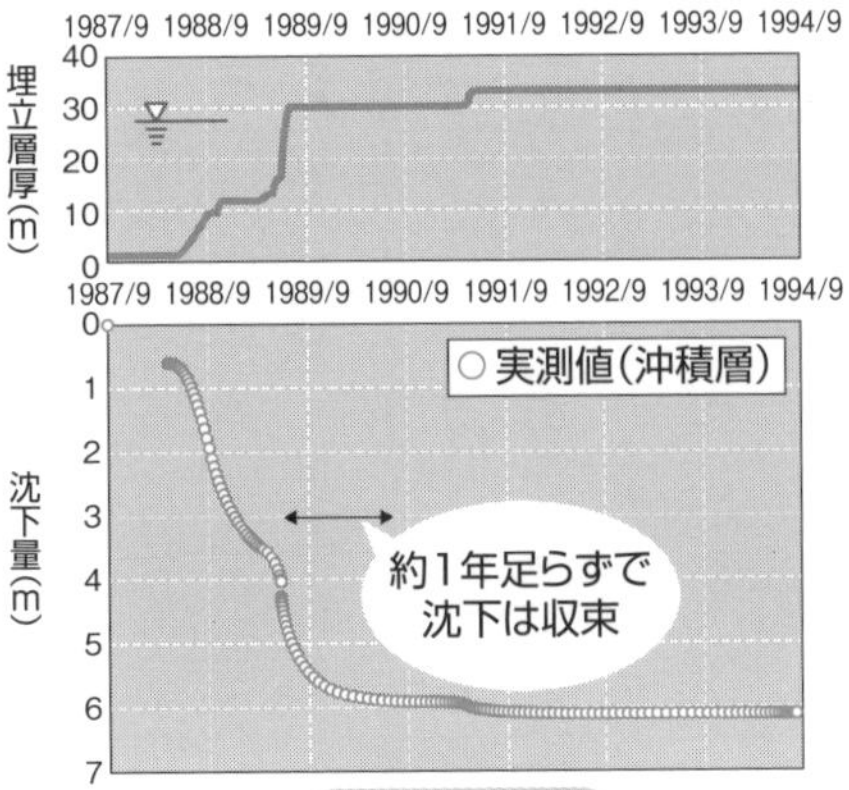

沖積層沈下の状況

出典:関西エアポート株式会社ウェブサイト

掘削底面の破壊現象

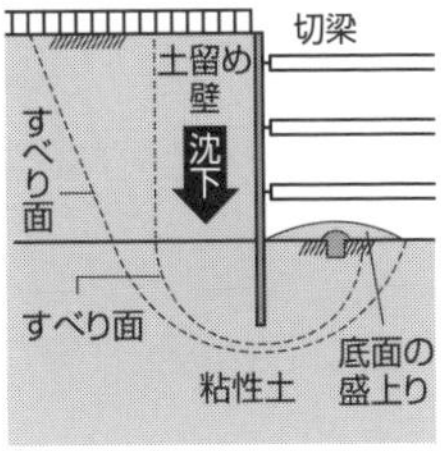

ヒービング

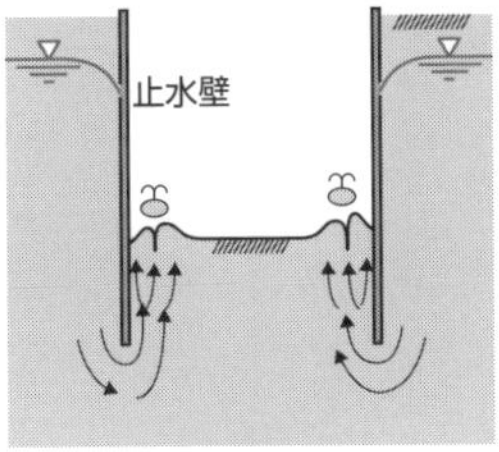

ボイリング

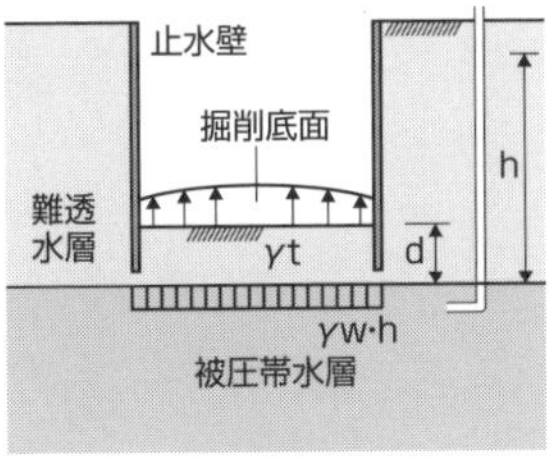

盤ぶくれ

出典:一般社団法人全国土木施工管理技士会連合会、
「JCMマンスリーレポートVol.17 No.3 2008.5月号」

土留め壁

37 鋼構造物の施工

鋼構造物は現場施工と工場生産の融合の産物

　土木分野において鋼構造物といえば橋梁が真っ先に頭に浮かぶと思います。その他には、ダムや水門などのゲートがあります。では、送電線などの鉄塔（基礎工事は主として土木工事）、風力発電の風車などの現場での組立ては建築、土木ではなく、鉄鋼メーカなどの専業者のような気がします。ちなみに、東京タワーの施工は竹中工務店が行っているので建築ということになりますが、塔の加工は三菱重工、松尾橋梁（現在はIHIの子会社）が行い、塔の組立ては宮地建設工業（現在は宮地エンジニアリング）で多くの橋梁建設を手掛けた専業者なので、土木、建築、鉄鋼メーカが一緒になって手がけたことになります。また、日本以外の多くの国々では、日本のような土木・建築という区分がありませんので、鋼構造物の建設は土木分野になると思います。ただし、鋼構造でできた工作物といえばやはり船ですので、造船と土木は切っても切れない仲であるといえます（事実、大手の造船会社の多くは橋梁部門がある）。

　国土交通省の区分によると、コンクリート工事などでは鉄骨組立工事としており、鋼構造物工事の鉄骨工事と区分しています。鋼構造物工事は、形鋼、鋼板などの鋼材加工や製作から組立てまで行い、工作物を構築します。建設会社では、完成した部材を現地で組み立てることはできますが、鋼材の加工から部品の組立てまで行うことはできません。コンクリート工事では、多くの場合、現場で一から行っていますが（型枠を組み、鉄筋を組んでコンクリートを打ち込む）、鋼構造の橋梁などはできたパーツを現場で組み立てる作業がメインとなっています。そういう意味では、鋼構造物工事は現場施工と工場生産が融合したものといえるのではないでしょうか。コンクリート工事におけるプレキャスト化は、ようやく鋼構造物工事に近づきつつあるといえます。

要点BOX
●造船と土木は切っても切れない関係
●鋼構造物工事は製作から組立てまでの一貫施工

建設中の東京タワー

洋上風車の建設

ガラビ橋（フランス）

Column

フレシネー

コンクリートに埋め込んだ鋼材を引っ張ることで、コンクリート部材に圧縮力を導入するというプレストレストコンクリート（PC）の原理についての研究、開発は、19世紀後半頃から始まったようです。

PC自体の考え方は、以前からよく知られているもので、よく例えとして用いられるのは樽を造るときに板を箍（タガ、樽などを固定するための周囲に付いている輪）によって締め付けて、板同士に圧縮力を作用させて水漏れしないようにするものです。

1886年にはジャクソン（P.H.Jackson、アメリカ）がプレストレスの導入技術で特許を取得しています。このプレストレストコンクリートを実用化させたのが、ユジェーヌ・フレシネー（Eugene Freyssinet、1879～1962年、フランス）であり、PCの父といわれています。フレシネーは、1928年に高強度コンクリートと高張力鋼線（PC鋼線）を組み合わせたプレストレスト技術に関する特許を取得し、1946年に世界初のプレキャストセグメント工法（コンクリート桁を橋軸方向にいくつかのブロックに分けて製作ヤードで作製し、これらを架橋場所まで運搬して結合していく工法で、本橋梁では橋軸方向にPC鋼材が配置できるように溝を設けていて、PC鋼材を緊張した後コンクリートで覆っている）によるルザンシー（Luzancy、スパン長55m）橋をパリ近郊のマルヌ（Marne）河に建設しています。その後、フレシネーはこのマルヌ河に全く同一寸法の5つのPC道路橋（上流側からUssy橋、Changis橋、Esbly橋、Trilbardou橋、Annet橋で、アーチ支間74m、幅員8・4mの超偏平アーチ橋、1947～1951年）をルザンシー橋と同様のプレキャストセグメント工法によって次々と建設していきました。これらの橋梁は80年近く経った今でも現役として供用されています。

国内では、1940年代前後からPCの研究が行われています。1951年には、鉄道用PC枕木が製作され、同年プレテンション方式による長生橋（スパン長約3・5m）の建設が行われています。1952年には、日本初のポストテンション方式による十郷橋（スパン7mの単純T桁橋）が建設され、その後信楽線第一大戸川橋梁（スパン30mの4主桁）において初の本格的なポストテンション方式による橋梁が建設されています。

フレシネーによって実用化されたPC技術は、コンクリートの適用範囲を大幅に広げたといえます。

第5章

場所や環境で施工が変わる

38 水の中に施工する

コンクリート工事にとって水中での施工は大の苦手

コンクリート工事において、水中施工はかつて最も難易度の高い施工の1つでした。まだ固まらないコンクリート（フレッシュコンクリート）は、水の中ではセメント成分が流れ出てしまい、周囲の水を濁らせてしまうだけでなく、セメント自体が高アルカリであることから周囲の動植物に多大な影響を与えてしまいます。打ち込まれたコンクリート自体もセメント成分が流れ出てしまうので、所要の強度が満足できなくなります。そのため、水中施工しなければならない箇所の周囲を囲って、水を抜いて（ドライアップという）、陸上と同じように施工したり、周りを囲うことで水の流れのない状態（静水中）にして、トレミー管（鋼製の筒）を底まで降ろして最初に水と接するコンクリート部分の品質はあきらめて、それ以降打ち込むコンクリートを水に接しないようにする施工が行われたりします（表層部分は打込み後に除去する）。これらの施工は、手間とコストがかかるだけでなく、コンクリートの品質安定性にも課題があります。

水中コンクリートの施工法としては、あらかじめ水中内に設置した型枠内に粗骨材（砂利）を詰めておき、粗骨材の隙間にある水をモルタルで置換・充填するプレパックドコンクリート工法があり、本州四国連絡橋の瀬戸大橋で用いられています。

一方、1980年代に当時の西ドイツから画期的な混和剤が技術導入されました。水中不分離性混和剤（主成分は植物繊維を原料として抽出された水溶性のセルロース）というもので、保水性が高くこの混和剤を加えたコンクリートは、水の中でもほとんど材料分離することがありません。したがって、水中においても陸上と同じように施工することができるのです。これにより、明石海峡大橋の海中基礎や沖ノ鳥島の海中基礎を始め多くの海中、水中工事のコンクリート施工に適用されていきました。

要点BOX

- ●水にいかに触れないで施工するのかが鍵
- ●練り混ぜをしないプレパックドコンクリート
- ●水中不分離性混和剤は水中工事の革命児

トレミー工法

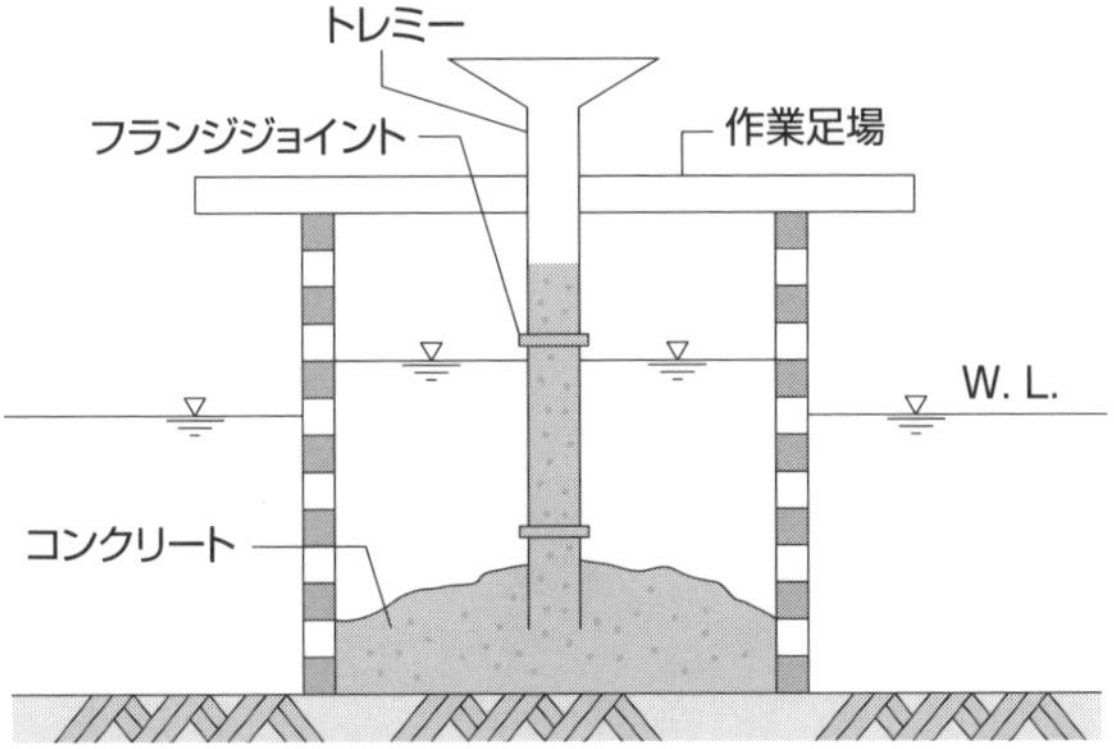

普通モルタルと水中不分離性混和剤を混入したモルタルの状況

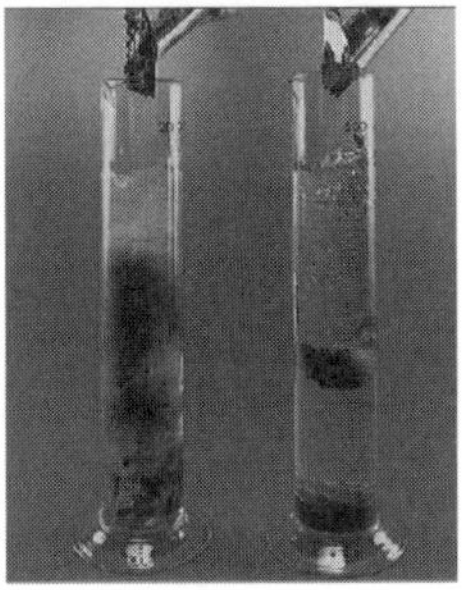

①　　②

①普通モルタル
②水中不分離性混和剤混入

出典:日本海上工事株式会社のカタログ

水中不分離性コンクリートの施工状況

出典:日本海上工事株式会社のカタログ

39 地面の下で施工する

地面の下には何があるかわからない？

土木工事の多くは、地面から下で行われます。当たり前ですが、地上から地下の様子を直接見ることはできませんので、地下工事を行う場合には事前にボーリング調査などの地質調査や、埋設物の調査（位置と深さ、大きさなど）を行います。都市部の地下には、電気、ガス、通信、上下水道などのライフラインが網の目のように張り巡らされています。それぞれの施設を埋設した事業者には、大体埋設箇所の図面が残っています。しかし、以前現場で施工している方たちに聞いたところ、実際に掘ってみると図面に載っていないものが結構あるそうです。この他にも地下鉄や建物の杭などがあるので、それらを避けて（使われなくなった下水管や残置杭を切削する事例もある）、地下の掘削を行います（それでも誤ってそれらを切断してしまい、工事が中断した例もある）。これらの埋設物は、掘削後工事中にどのようになっているかというと、ほとんどの場合吊り下げられていて、掘削した底から見上げると切梁などに交じって大小様々な管がぶら下がっており、何とも不思議な光景といえます。

4章36項でも述べましたが、地下工事は掘削箇所で水の影響をいかに受けないようにするかが重要です。例えば、掘削する周囲を凍らせてしまう凍結工法があります。凍結した土は、遮水性が高くコンクリートなどと同程度の強さが得られるので、地下水の噴出や土砂崩壊の影響を少なくすることができます。施工後は、凍結した土を融かせば元どおりになります。この他にもニューマチックケーソン工法（潜函工法）があります。掘削する面に地下水圧と同等の圧力をかけて水の侵入を防ぎながら掘削していくものです（コップをひっくり返してそのまま水の中に沈めてもコップの中の空気圧によって水が入ってこないのと同じ原理）。

このように地下で施工するのは大変な作業だといえます。

要点BOX

- ●地下のライフラインをいかに避けて施工するか
- ●土を凍らせて施工する
- ●圧力をかけて水の侵入を許さない工法

吊り下げられたライフライン

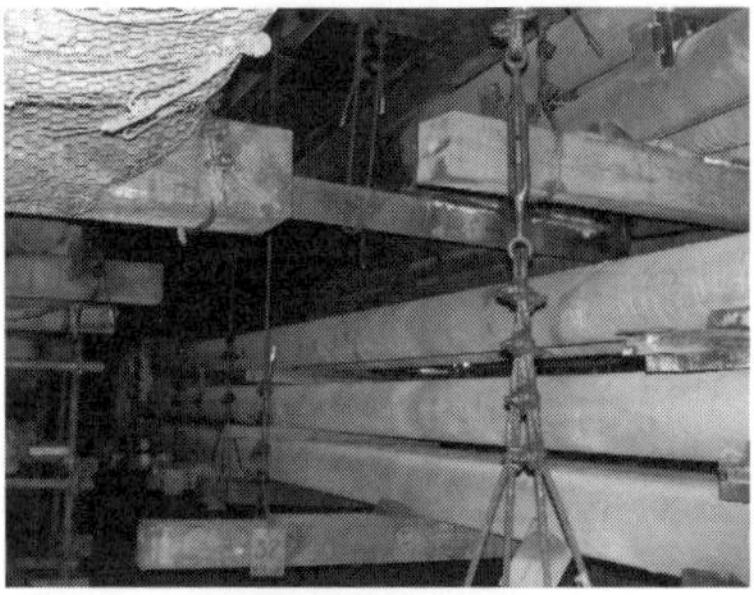

凍結工法

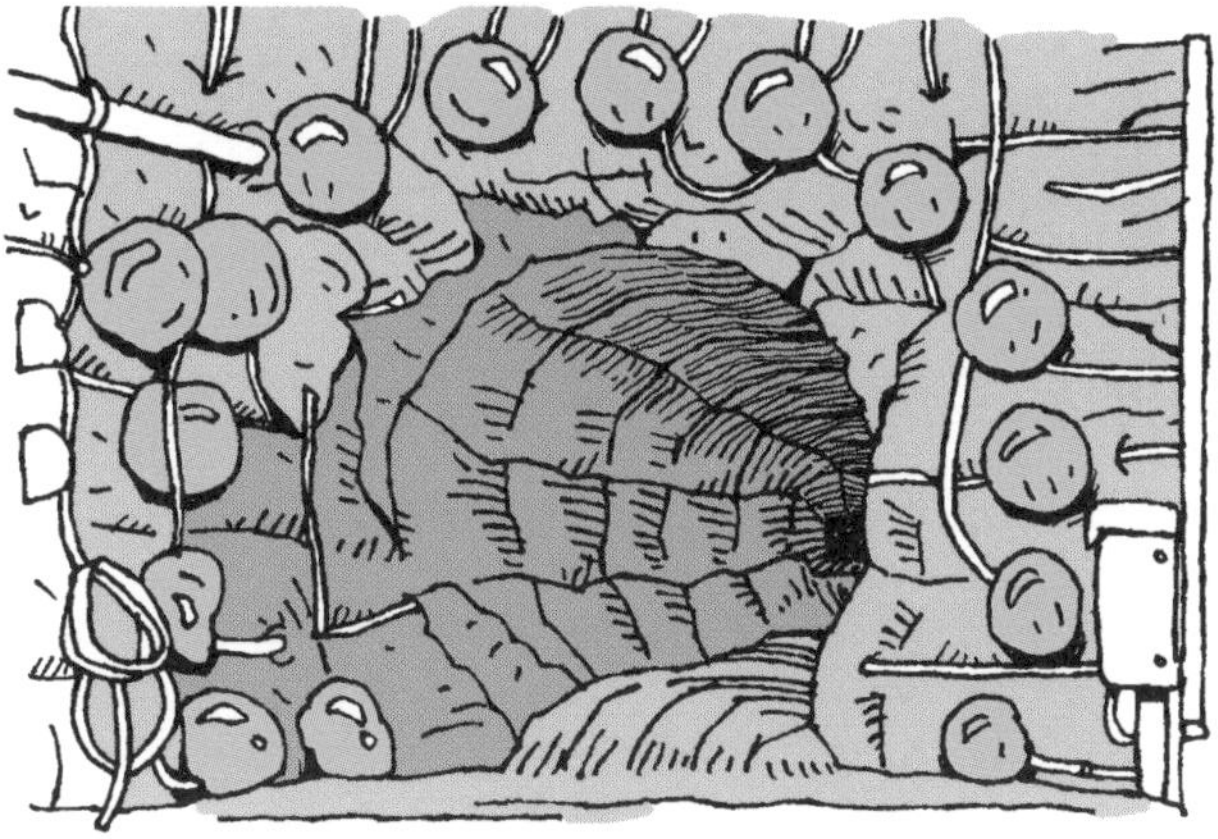

ニューマチックケーソン工法

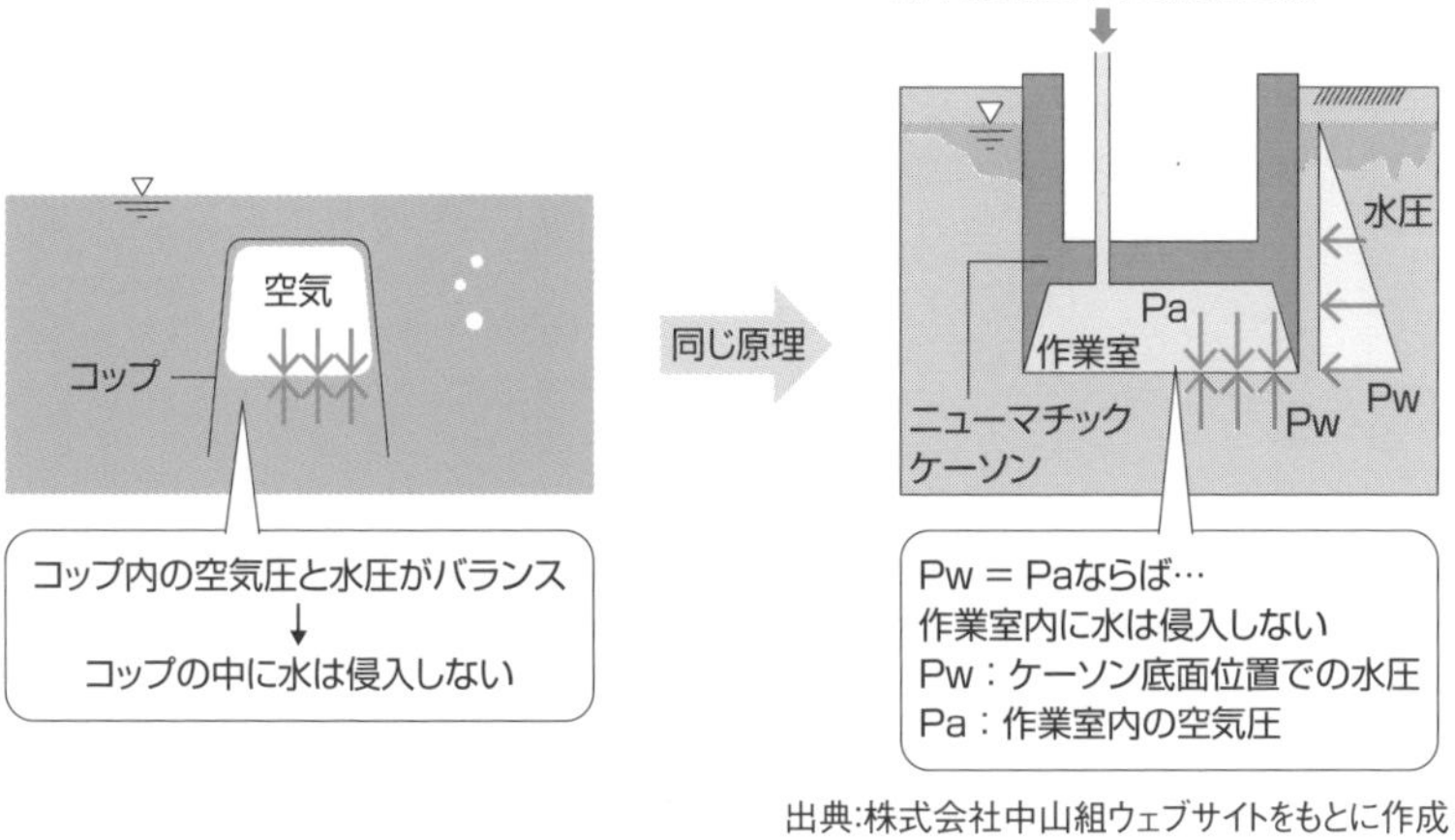
地下水圧と同等の圧縮空気
空気
コップ
同じ原理
水圧
Pa
作業室
Pw
Pw
ニューマチック
ケーソン
コップ内の空気圧と水圧がバランス
↓
コップの中に水は侵入しない
Pw = Paならば…
作業室内に水は侵入しない
Pw：ケーソン底面位置での水圧
Pa：作業室内の空気圧

出典:株式会社中山組ウェブサイトをもとに作成

40 寒い場所で施工する

コンクリートにとって寒さ対策は大切！

コンクリート工事において、寒い時期（寒中）と暑い時期（暑中）は、何かと気を使って施工する必要があります。コンクリートが硬化するまでは、魚や肉と同じように生モノなので、寒さ対策や暑さ対策を十分行う必要があります。土木学会コンクリート標準示方書には、「日平均気温が4℃以下になると予想されるときは、寒中コンクリートとしての施工を行わなければならない」としています。東京での2022年の気温を見ると、日平均気温が4℃以下となるのは1月に7日、2月に5日なので、年間通して10日前後であり、寒中対策を行う頻度はそれほどありません。一方、札幌では日平均気温4℃以下となるのが11月～3月で117日あり、年間でいうと約3分の1は寒中対策を行う必要があります。沖縄は、日平均気温4℃は年間通じて1日もありません。このように、地域によって寒中コンクリートとして施工する頻度が大きく異なるので、当然それに伴う費用や手間が大きく異なります。

寒中コンクリートとしての施工では、コンクリートが固まるまで凍結させないことと凍結融解作用（コンクリート内部の水が凍ったり溶けたりするのを繰り返すこと）に対して十分抵抗できるまで養生を行うことが重要です。寒中コンクリートでの施工対策としては、早期に強度のでる早強ポルトランドセメントなどを用いること、骨材が冷えないように貯蔵し、氷雪の混入を防ぐこと、温水を用いてコンクリートの打込み温度が低くならないようにすること、初期凍害防止のためにAE剤（微細な独立気泡をコンクリート内に混入するための混和剤で、この独立気泡が凍結融解作用によるひび割れなどを抑えるクッション材のような役目をする）の使用、給熱養生（コンクリートの周囲を囲って周囲の空気を温める方法）や保温養生、断熱養生（断熱シートや断熱材で熱を逃がさないようする）などがあります。

要点BOX

- 生コンクリートは生モノなので寒さに弱い
- 地域によって寒中対策が異なる
- コンクリートが固まるまで凍らせない

ダムにおける寒中対策（新桂沢ダム）

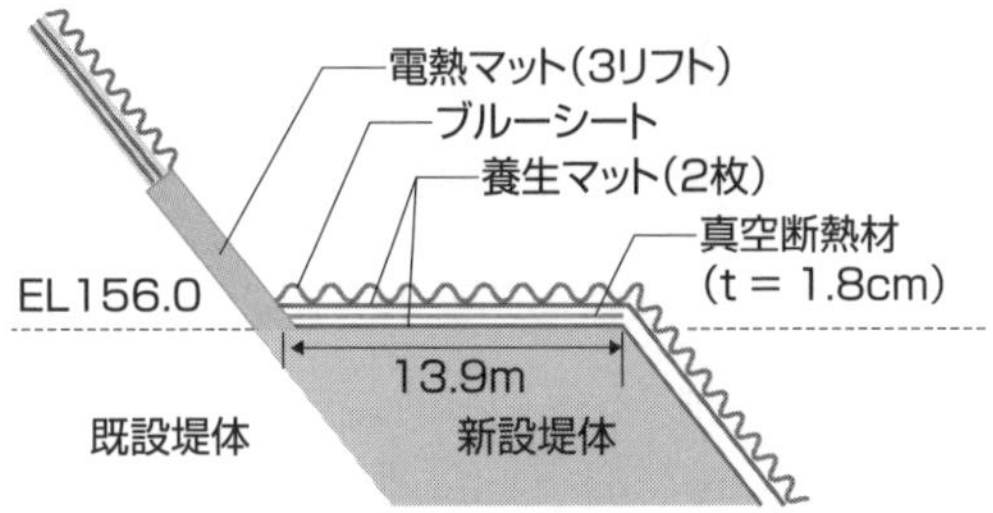

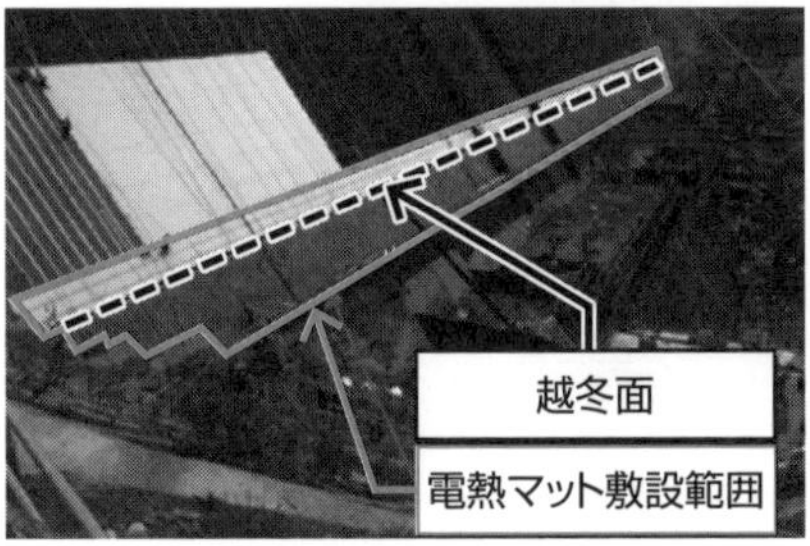

出典:梅津佳、蝶野誠一、福井直之「新桂沢ダムの温度応力対策について－技術提案における実施工とその検証（中間報告）－」第61回（平成29年度）北海道開発技術研究発表会、国立研究開発法人土木研究所　寒地土木研究所

寒中コンクリートの施工

41 暑い場所で施工する

コンクリートにとって暑さ対策は重要

コンクリートは、寒さにも弱いのですが、暑い時期の施工の方が深刻です。暑い時期、生モノがすぐ腐るように生コンクリートも比較的早く傷みます（スランプの低下など）。土木学会コンクリート標準示方書には、暑中時の施工において寒中コンクリートのように「日平均気温が25℃を超えることが予想されるときは、暑中コンクリートとしての施工を行う」と記述されています。また、打込み温度が35℃を超えるとコンクリートの性能が大きく損なわれることから、打込み温度の上限を35℃以下と規定しています。しかしながら、近年の異常気象の影響で、最高気温が35℃を超える日（場所によっては1ヶ月以上）が国内の多くの地域で記録されています。こうなるとコンクリート自体の打込みができなくなってしまいます。最近では、建築学会や土木学会において打込み温度が35℃以上となった場合の品質の変化について検討されており、適切な対策を講じれば打込み温度の上限を38℃とできることが「暑中コンクリートの施工指針・同解説」に記述されています。それでも傷みが早いのは事実ですので、対策を講じる必要があります。

その対策としては、打込み温度を下げることであり、使用材料の温度上昇を避けるために直射日光が当たらないようにしたり、骨材に冷水などを散布したりします。また、練混ぜ水に冷水や氷を加える方法もあります。さらに、液体窒素で材料を冷却したり、直接コンクリートに投入したりします。コンクリートの打込み温度を下げるこれらの方法をプレクーリングと呼んでいます。この他にも日中の気温の高い時間帯を避けて夜間にコンクリートの打込みを行うこともあります。以前、ダムの現場に勤務していた時、現場の所長から「ダムは夜造られる」という言葉を聞きました。暑中時に夜間施工することで、コンクリートだけでなく作業する人たちの負担（熱中症など）も軽減していたのだと思います。

要点BOX

- ●生コンクリートは生モノなので特に暑さに弱い
- ●コンクリートの暑さ対策の第一は冷すこと
- ●ダムは夜造られる

骨材ビンに屋根を設け周囲から冷水を散水

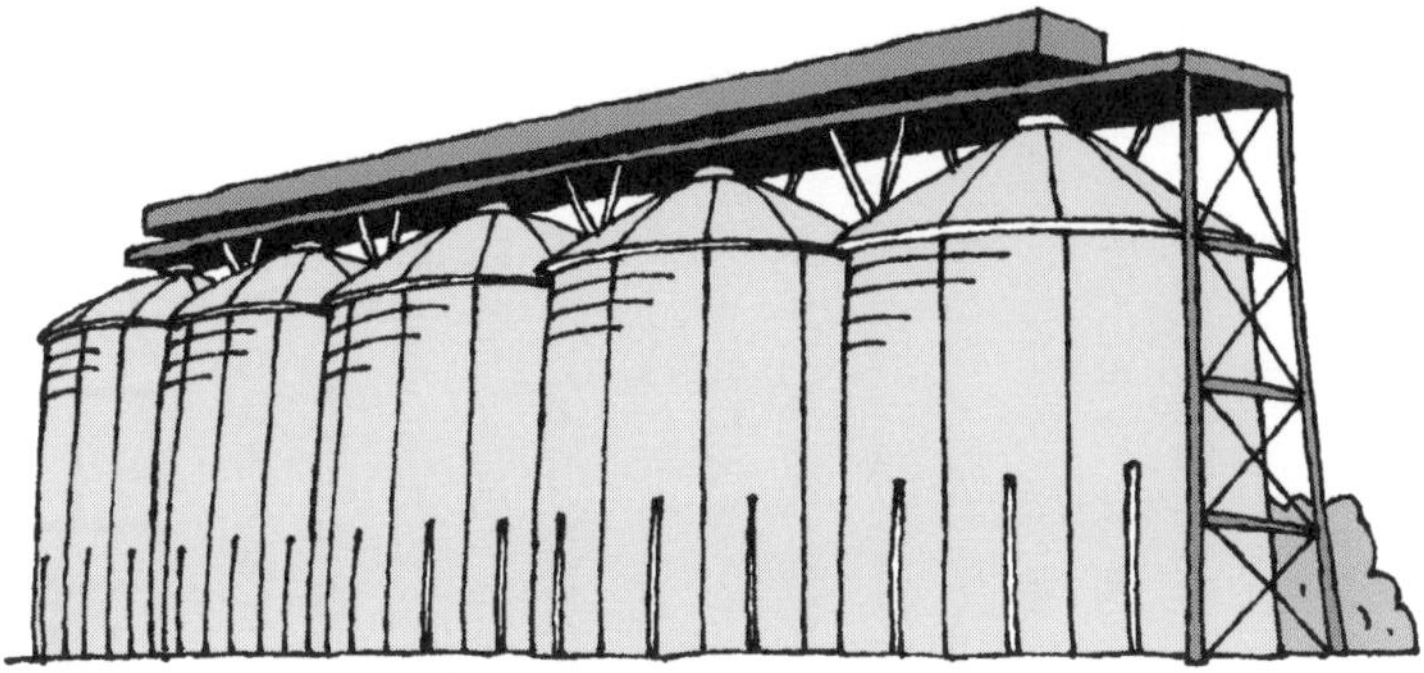

骨材貯蔵ビン

砂のストックヤードに屋根を設けて直射日光を避ける

液体窒素直噴によるプレクーリング

42 海岸・海洋に施工する

海工事は天気と塩との闘い

海岸や海洋で行われる海工事と一言でいっても、埋立や浚渫《しゅんせつ》などの土工事が中心のものや、防波堤、防潮堤などの建設工事、明石海峡大橋などの橋梁建設工事、沈埋函などの海底トンネル建設工事、最近では洋上風力発電のための風車の建設など、海での工事内容は多岐にわたっています。海の工事では、陸上の工事に比べて天候に大きく左右されます。海の上では、障害物がないので風の影響を直接受けます。風が出てくると波が立ってきますので（時化る）、作業船などが波や風によって揺れるために、場合によっては作業自体ができなくなってしまいます（荒天日）。そのため、港湾工事の場合、作業可能日が「換算年間荒天日数」をもとに9段階に区分されています。最も厳しい段階では1年間に作業できる日（実働日数）が100日未満となってしまいます（最も緩い段階では作業可能日は220日以上です（休日は除く））。

以前、海工事をされている方に聞いた話ですが、太平洋上での作業（海岸から数百km以上離れた場所）では、気象情報（特に、台風の発生や進路）を常に確認していて、台風が発生すると周囲がどんなに晴れていても作業を止めて、急いで最も近い港に向かうそうです。作業台船や資材船などは船足が遅いので、それでも間に合わずに船が流されてしまったことがあるそうです。

海工事でのもう1つの難敵は、塩害です。建設資材の多くは鋼材でできていますので、海水やしぶきなどがかかるとすぐに錆びてしまいます。コンクリート工事でも仮設材などが錆びないように養生したり、使用する鋼材（鉄筋など）にしぶきなどがかからないように養生したりします。

四方を海に囲まれた日本において、海上・海中での工事はこれからもずっと続くと考えられるため、自然に抗うのではなく、どううまく付き合いながら施工していくのかが肝要であるといえます。

要点BOX

- 海工事では作業日数が陸に比べて少ない
- 海工事は波と風との闘い
- 海洋構造物は塩害対策が重要

海工事

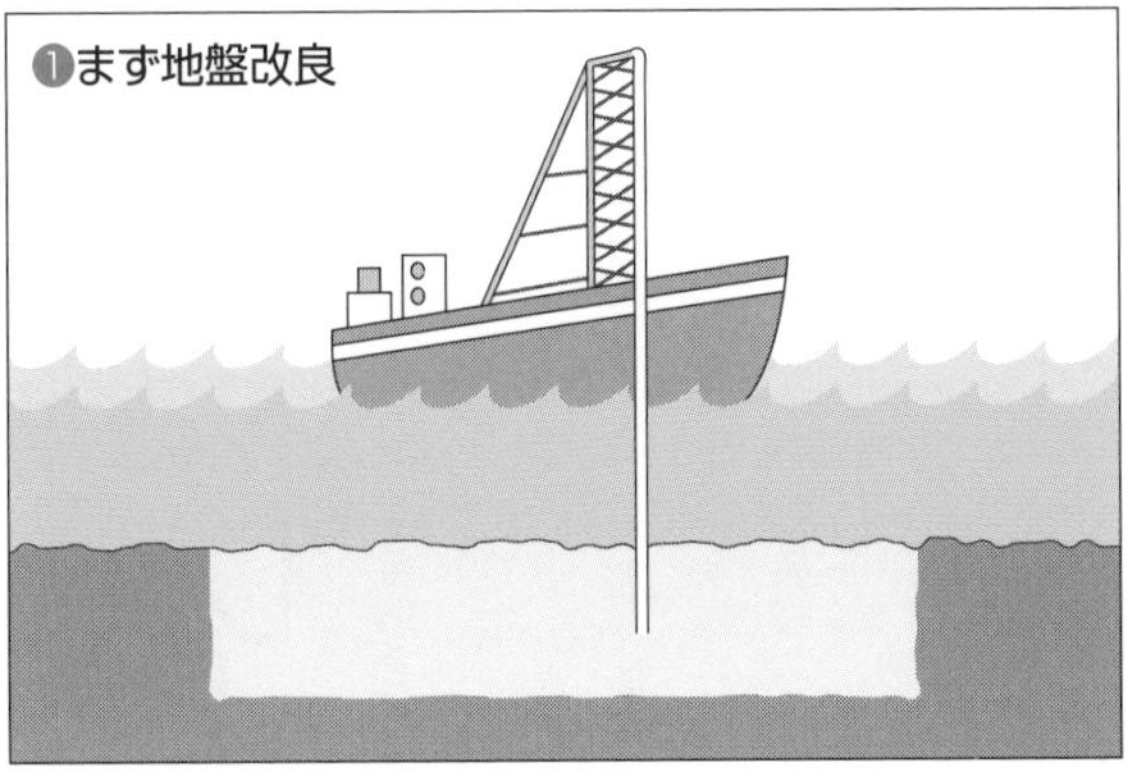

❶まず地盤改良

❷護岸で囲んで

❸護岸内部を埋立てます

43

周囲の環境に影響しないように施工する

土木工事はコストと工期が最優先事項？

土木工事は、多くの人たちが自然を破壊し、環境破壊しながら構造物を構築していくというイメージを持たれていると思います。確かに、山を切り開いて道路を造り、造成のために多くの木々を伐採したりしています。一方で、現代社会においては蛇口をひねれば水が出て、スイッチを入れれば電気が点き、トイレの後は水で流すことができます。また、雨が降る度に床上まで水に浸かることもなく、水不足に悩むこともなく、食べるものに困ることもほとんどありません。このように日々不自由なく生活できているのは、インフラの整備が行われているからであり、それらの多くは土木構造物でできています。もちろん、だからといってむやみに自然を破壊して土木構造物を構築してよいものではありません。確かに、以前はコストや工期が最優先で土木構造物が造られてきたのも事実です。

近年では、工事を実施する前に環境アセスメントを実施し、周囲の環境にどのような影響を及ぼすのかを調査・評価するとともに、できるだけ周囲の環境に影響を及ぼさないように工事を行うようにしています。最近では、工事中においても実測調査を行って、影響評価の確認を行ったりもしています。

ある道路工事においては、その地域の在来種や希少種の植物を工事期間中別の場所に移動させて、工事終了後に元の場所に戻したという事例があります。また、ある橋梁工事で建設地点近くを流れる川（清流で有名な川）が基礎工事で汚れないように、当初の矢板による土留め工法に変えて、コスト高となるものの周囲の水を汚すことのないニューマチックケーソン工法に変更した事例もあります。

それまでなかったところに新たに構造物を造るわけですから、全く影響をなくすことは難しいといえます。だからこそ、今は事業者や施工者がコストや工期が最優先ではない施工を行っているのです。

要点BOX

- 土木工事は環境破壊の権化ではない
- 環境にできるだけ影響を与えない施工法
- コストや工期が最優先でない施工

道路工事の様子

日々の生活を支えるライフライン

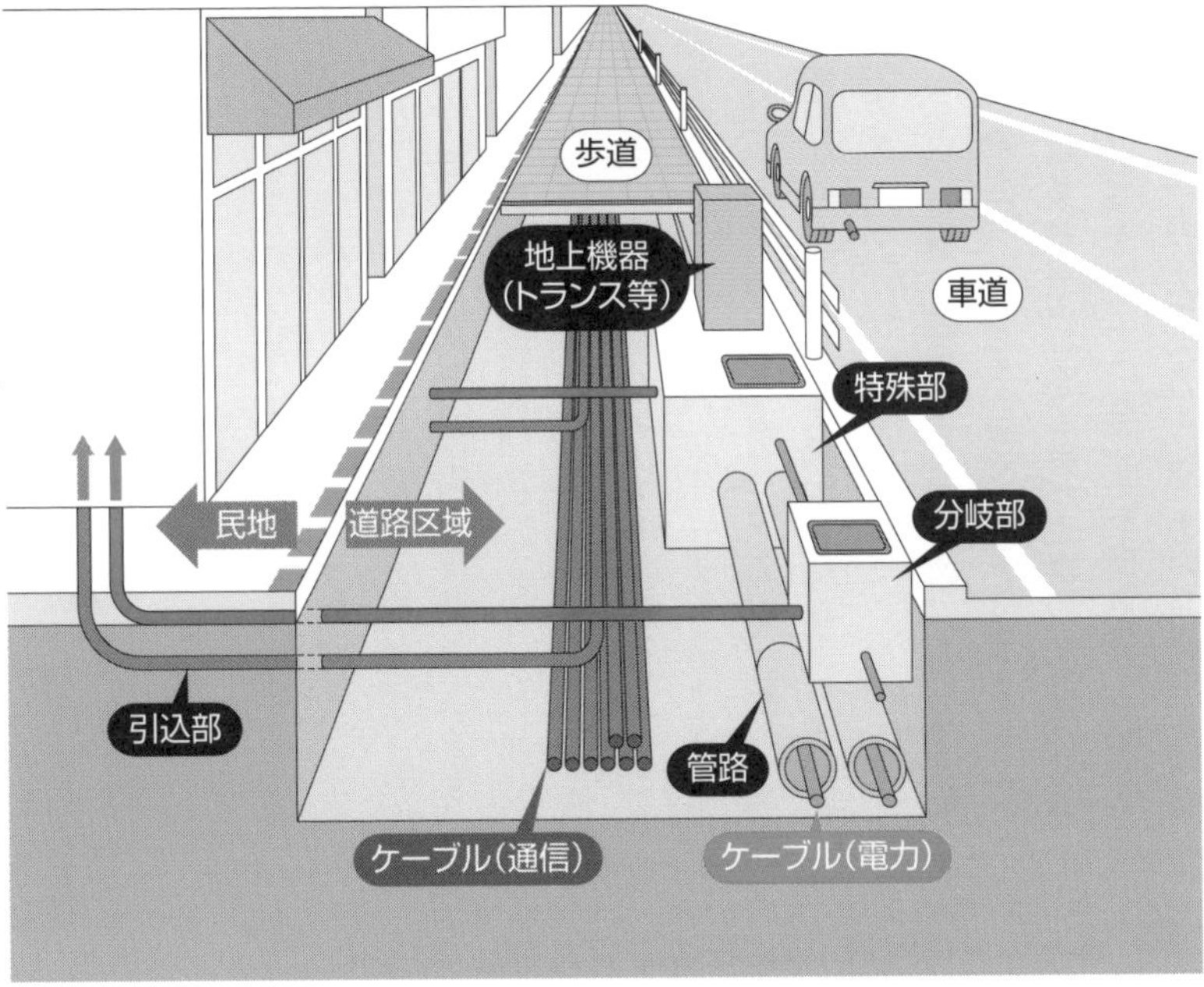

出典:国土交通省ウェブサイト「無電柱化の推進」をもとに作成

44 騒音・振動を少なくした施工をする

騒音・振動については、周辺住民の方たちの工事への理解が大事

　土木工事では、多くの重機を用いて施工します。その際、機械の音（エンジン音や作動音など）や掘削時の破砕音や振動、コンクリート打込み時のバイブレータの締固めによる音や振動などが生じます。道路工事における舗装の取替えなどは、交通量の少ない夜間に行われることが多く、普段静かな住宅街に舗装を剥がす音などが響き渡ります。道路保全や安全性の確保からは必要な工事なのですが、周辺住民の方たちにとっては迷惑でしかないのかもしれません。他方、昼間に実施すれば、交通渋滞などを引き起こし、社会的影響度が大きくなります。

　少しでも工事を行う周辺の住民の方々に理解をしてもらうために、工事前には工事関係者が工事期間や時間などを示した資料を持って、一軒一軒説明に伺ったり、現場の入口などに騒音・振動表示板を設置して、騒音や振動がどれくらいなのかを明示したりしています。

　国土交通省では、工事に伴う騒音や振動に対する対策として、低騒音型・低振動型建設機械の指定を行っていて、生活環境保全が必要な地域で、この低騒音型・低振動型建機の使用を推進しています。環境省では、建設作業振動防止の手引きを作成し、事業者、施工管理者などに騒音・振動の低減方法などを示しています。建機メーカも低騒音・低振動の建機の開発などを行っています。コンクリート工事では、打込み時のバイブレータによる振動・騒音を無くすために、締固め不要の高流動コンクリートが開発されています。

　事業者や施工者、建機メーカが工事における振動・騒音の低減を図っても全くなくすことはできません。ですから、事業者および施工者が工事の必要性や騒音・振動の低減を図っていることを根気強く説明することと、周辺の住民の方々に工事の必要性を理解してもらうことが大事であるといえます。

要点BOX

- ●メーカも騒音・振動低減の努力を行っている
- ●新材料の開発が振動・騒音の低減に貢献
- ●道路工事は夜間に行う

振動の苦情件数の推移

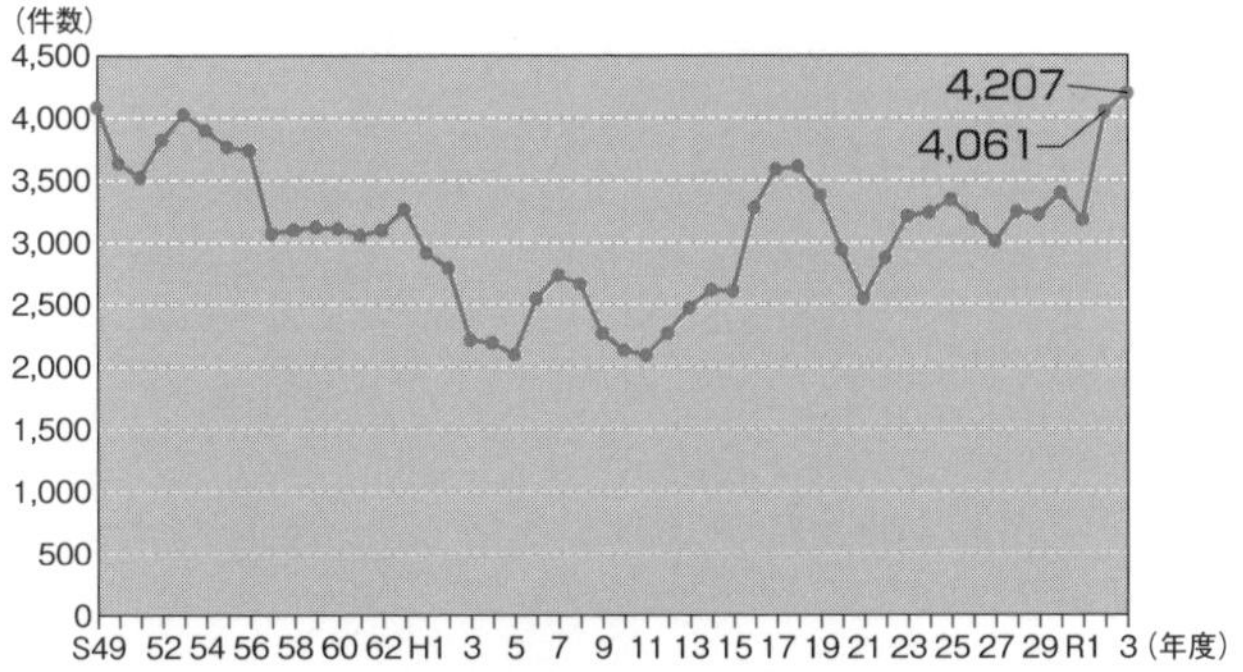

出典:環境省「令和3年度振動規制法等施工状況調査の結果について」

振動に係る苦情の内訳

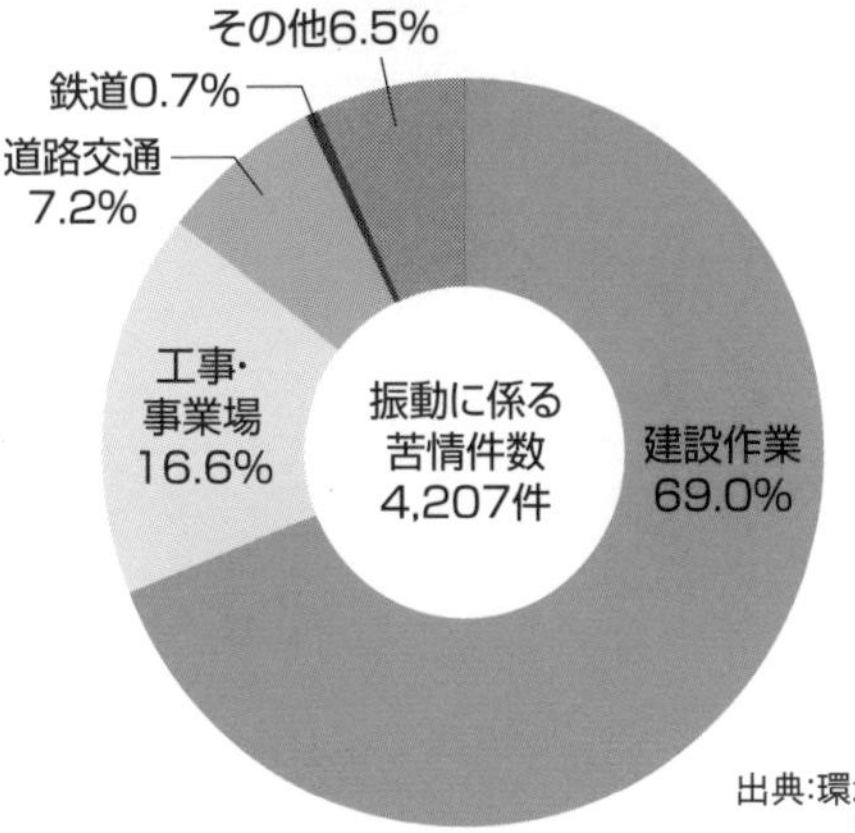

出典:環境省「令和3年度振動規制法等
施工状況調査の結果について」

建機メーカの騒音・振動対策

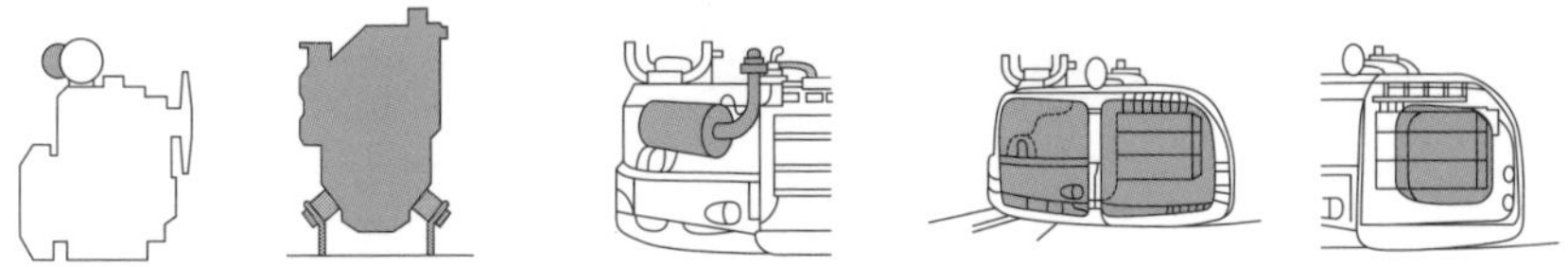

- 吸気側にもサイレンサーを付ける。
- エンジンをラバーマウント(吸振ゴム)でささえる。
- マフラーをエンジンルーム内に収納し、マフラー自体も消音効果の高いものを使用する。
- エンジンルーム内側に吸音材をめぐらせる。
- ラジエーター形状、置き方(別置)を最適化する。

出典:ヤンマーホールディングス株式会社ウェブサイトをもとに作成

モニエ

ジョゼフ・モニエ（Joseph Monier、1823〜1906年、フランス、ニーム出身）は、10代でパリに出て庭園師として働いていた時に、無筋のコンクリート製の植木鉢に出会います。

当時の植木鉢は、ほとんどが陶器で作られていたのですが、比較的割れやすいものでした。一方、無筋コンクリートの鉢も重くて割れやすいものでしたが、陶器のように焼く手間がなく、型に打ち込むだけで造れることに着目しました。そこで、モニエは軽くて割れにくいコンクリートの植木鉢についていろいろ試行錯誤し、型枠の中に金網を入れてコンクリートを打ち込むという鉄筋コンクリートの着想にいきつきます。この着想は、土管のように凍結しても割れないようにするために、コンクリートを鉄網で補強するやり方からヒントを得たようです。

モニエは、1867年にパリ万国博覧会に鉄網を入れた鉄筋コンクリート鉢を出品し、その年に特許を取得しています。それ以前にもフランスのランボーが1854年のパリ万国博に金網入りのコンクリート製ボートを出品し、1855年に特許を取得しています。また、フランソワ・コワニエはパリ郊外のサン・ドニに4階建ての鉄筋コンクリートでできた住宅を建設しています。ただし、コンクリートを鉄などで補強するという考えは、モニエが最初だったようです。

モニエはその後、鉄とコンクリートを組み合わせた橋梁、貯水槽などの特許を次々と取得していきます。1874年には、世界初となる鉄筋コンクリート橋がシャズレ城の敷地内にある堀に歩道橋（スパン13.8m）として架設されました。しかしながら、モニエが出した特許には鉄筋コンクリートの理論的な内容が示されておらず、鉄筋は部材の中央に配置するようになっていました。

鉄筋コンクリートの理論を確立したのは、ドイツのヴァイスとケーネンであるといわれています。ヴァイスは、モニエの特許権を取得し、鉄筋コンクリートに関する各種の実験などを行い、コンクリートと鉄の熱膨張係数はほぼ同じであること、鉄筋をコンクリート中に埋め込むことで錆びにくくなること、鉄筋は部材の引張側に配置することなどを確認しています。

ケーネンとヴァイスは、1887年モニエシステムという鉄筋コンクリート構造物の簡易的な設計法を発表しています。これには、鉄筋コンクリートの力学的特性及び設計手法が示されています。

第6章

道具（機械）で施工が変わる

45 人力による施工で用いられた道具

土木作業員のイメージとなった道具たち

土木工事において現在のような機械化施工が行われるようになったのは、戦後になってからといっても過言ではありません。もちろん、戦前においても機械化施工によるコンクリートダム建設（1924（大正13）年に完成した大井ダム（堤高53・4m、堤体積15・3万㎥）はコンクリートの製造、運搬をアメリカから輸入した機械を使用して施工）などが行われていますが、大半は人力によるものでした。

人力による施工では、例えば土工事の場合、ショベル、スコップ（JIS規格では上部が平らで足をかけられるのをショベル、上部に足をかけられないものをスコップとしている）、ツルハシで土を削ったり掘ったりして、それらの運搬に一輪車（土木ではネコと呼ばれている）やモッコ（畚、縄や蔓を編んで作った網状の運搬用具で、人が担いだり背負ったりして運んだ）を使いました。岩などの掘削には、ツルハシの他にも鏨《のみ》や玄翁《げんのう》などを用いて行われました。今ではハンディタイプの削岩機があるので、鏨や玄翁などを用いることはありませんが、その他の道具は今でも土工事などで使われています。

コンクリート工事では、ミキサなどを用いずに手練りを行うことは少ないですが、少量の練混ぜの際にはフネ（コンクリートを練り混ぜたりする容器）に水以外のコンクリート材料を入れて、水を加えながらショベルや鍬《くわ》などで練混ぜを行うことは今でもあります。練り混ぜたコンクリートは、ネコで運搬して打込み場所まで運びます。鉄筋の組立てにおいては、鉄筋同士を固定するのにハッカーと呼ばれる道具を用いて結束線（針金）をねじり締め上げます。

土木工事の多くは機械化されていますが、細かなところは人力で行う必要があります。また、使用する工具も電動でハンディなものになっていますが、それでも昔ながらの道具を持った職人の方たちの技術（腕に支えられているといえます。

要点BOX

- ●現代のような機械化施工になったのは戦後から
- ●人力による施工ではネコやモッコが使われる
- ●土木工事は職人技で支えられている

人力による土工事

モッコやネコによる運搬

鉄筋の固定（ハッカーと結束線）

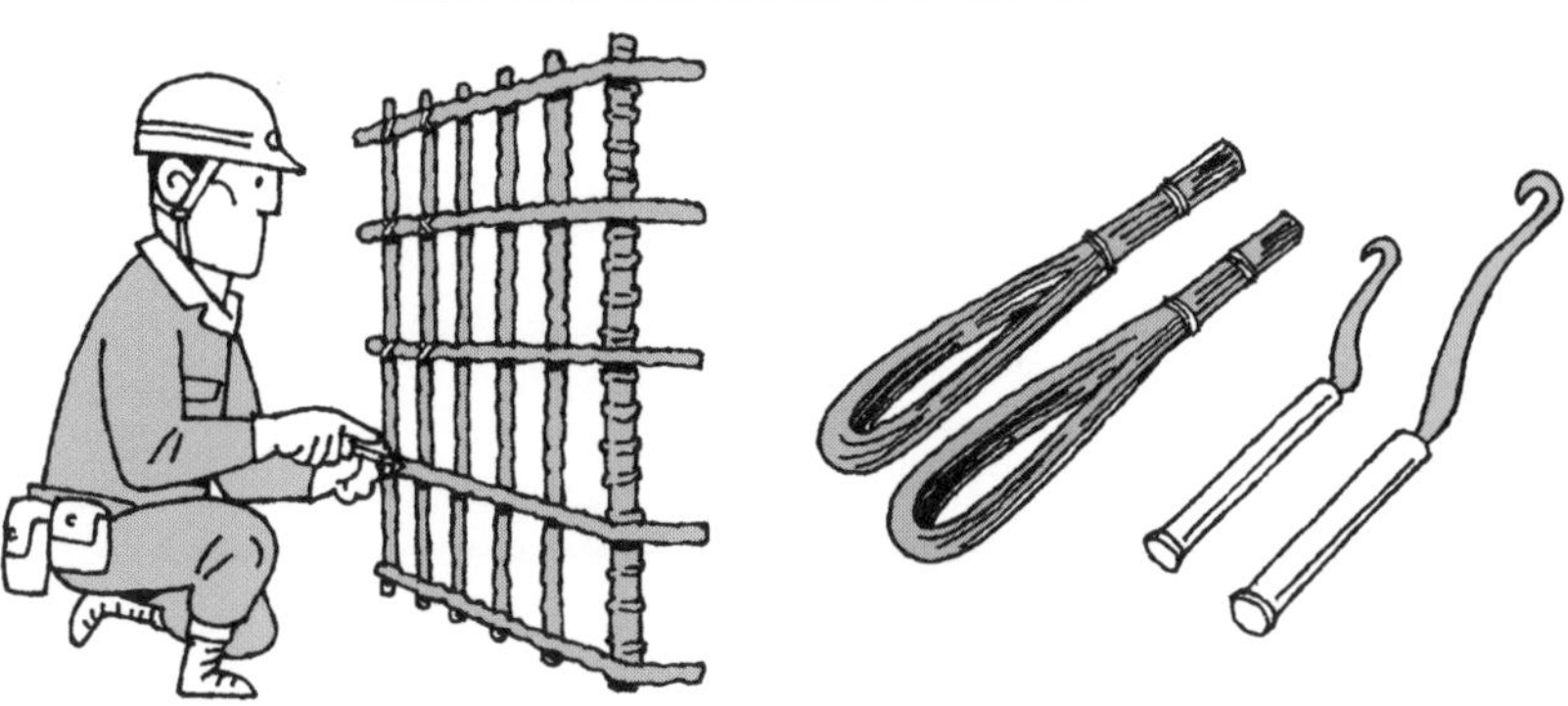

46 施工を大きく変えた滑車とコロ

道具を使って重量物を移動させる方法

土木工事や建築工事において、重量物の移動・運搬は欠かせない作業の1つです。現在では、クレーンやダンプトラック、ブルドーザなどの建設機械がありますので、比較的楽に行うことができます。一方、建機がない時代では、当然ですが人力や牛、馬などを使って重量物の運搬などを行ったので、膨大な人員と手間がかかりました。それでも、少しでも楽に運搬を行うための工夫（道具の開発）が行われました。

重量物を横移動させる方法としては、丸い棒（コロ）を並べてその上を移動させるものや、修羅《しゅら》といわれる巨大なソリのようなものに載せて移動させるものがあります。いずれも摩擦力を低減させて移動させるものです。それでも移動には大人数が必要で、東大寺大仏殿の虹梁（重量が23・2トン）の運搬には1万7000人で行われたという記録があります。

重量物を鉛直方向に引き上げる方法としては滑車などを利用した方法（起重機など）があります。

起重機は、ギリシャ人が最初に考案したといわれており、アルキメデスは梃子《てこ》と滑車を使った起重機を考案しています。また、ローマ時代のウィトルウィウスが著した「建築について（De Architectura、建築十書）には、三脚起重機（いわゆる三叉）が記述されているので、起重機は2000年以上前からあったことになります。ちなみに、レオナルド・ダ・ヴィンチは、現在のクレーンとほぼ変わらない起重機を提案しています。国内では、855（斉衡2）年に起こった地震で頭部が落下した東大寺の大仏の修復作業において、867（貞観9）年に雲梯之機という古代中国の攻城用の梯子車の梯子の端に、轆轤《ろくろ》といわれる輪軸方式の滑車を付けたもので大仏の頭を引上げたと「日本三代実録」という書物に記録があります。

これらの道具を使って、古代の人たちは巨大な構造物を構築していったのです。

要点BOX

- ●横移動にはコロと修羅
- ●縦移動には起重機
- ●古代の人たちの重量物移動の苦労

重量物の移動を楽にさせたコロと修羅

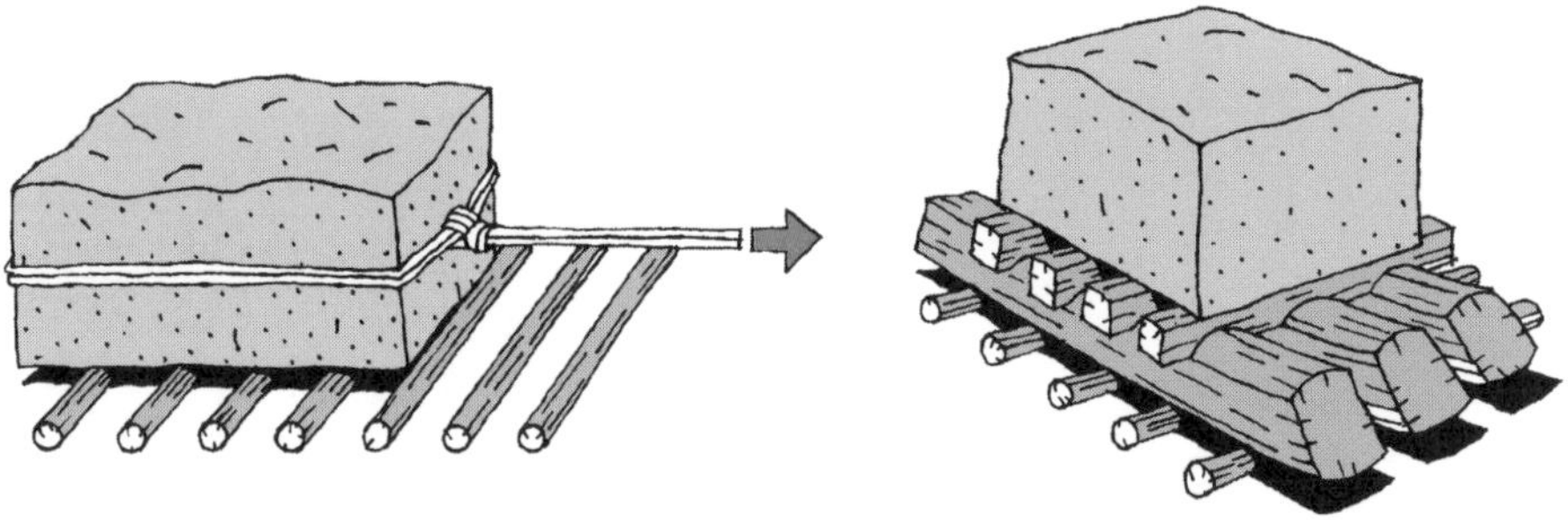

ウィトルウィウスの建築書にある起重機

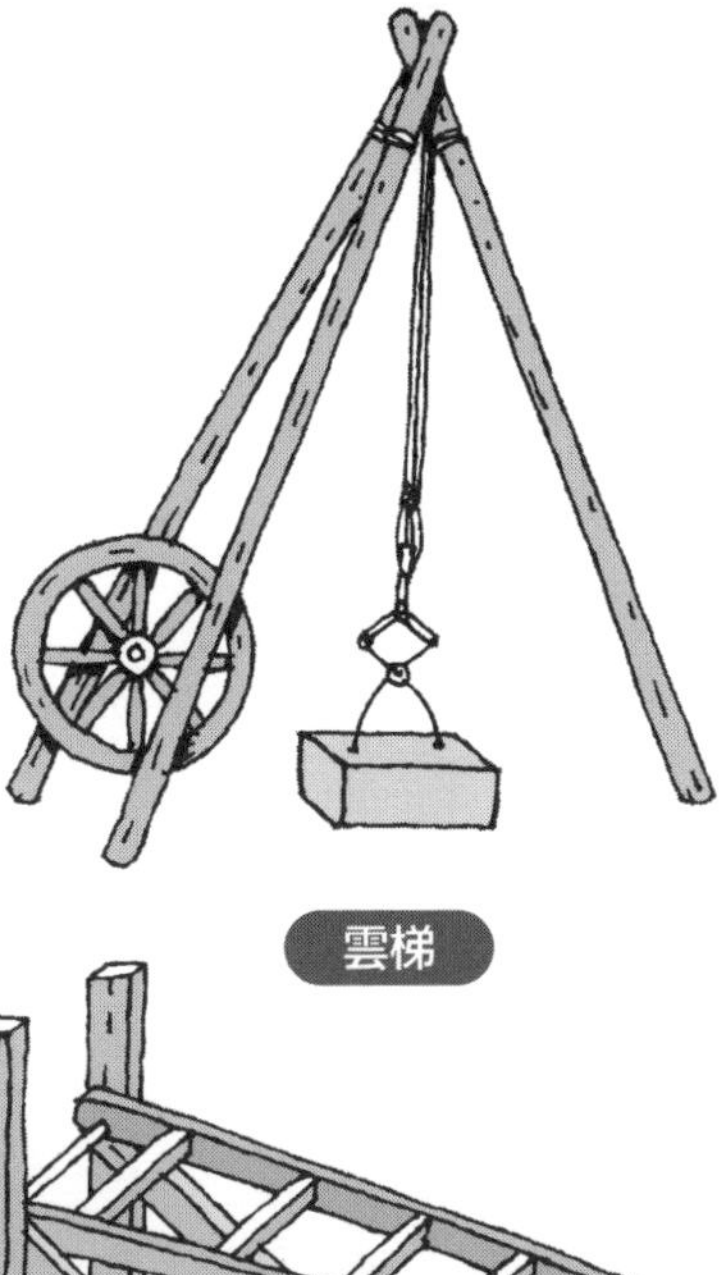

雲梯

47 蒸気による施工革命

産業革命によって大変革した土木施工

産業革命は、18世紀から19世紀において起こった技術変革による工業化および石炭を利用したエネルギー革命です。産業革命においては、綿織物などの生産における技術革新に伴って機械工業製品が誕生し、製鉄業の成長による鉄の大量生産および蒸気機関の発明によってそれまで人力などに頼っていた動力源が刷新されました。これにより、土木分野では機械化による施工の道が開かれていきました。さらに、それまで馬などに頼っていた交通手段から蒸気機関の発明によって蒸気機関車や蒸気船が生まれ、大量の物資や人をそれまでと比べものにならないほどの短い時間で長距離に運べるようになったのです。蒸気機関車の登場は、線路の敷設や重量物である機関車などが渡れる橋の構造改革、鉄の大量生産によって橋梁の構造形式の変化をもたらしました。また、蒸気船の登場は、船舶の大型化にともなう港湾施設の変化および造船施設の大型化等に影響を与えました。

産業革命での蒸気機関の発明による建設機械は、川や海などの浚渫機械に最初に適用されました（１８０３年にイギリスで開発された蒸気バケット浚渫船で、テムズ川にあるロンドン港で実際に使われました）。他にも鉄道建設用に開発された蒸気ショベル（１８３４年、アメリカ）や蒸気機関によるロードローラ（１８６０年にフランスで開発され、凱旋門前の道路舗装に使われました）。この他にも、小型で高圧力の蒸気機関が開発され、蒸気クレーンや蒸気掘削機等が作られました。さらに、19世紀後半から20世紀初頭にかけて建設されたスエズ運河やパナマ運河には、フランス製のバケットチェーン掘削機やアメリカで開発された当時世界最大級の蒸気ショベルなど大型建設機械が用いられました。

それまで人力に頼っていた土木工事が、蒸気機関の発明によって、大量急速施工が可能な機械化施工へと変貌していったのです。

要点BOX

- ●蒸気機関車の発明が橋の構造形式を変化させた
- ●蒸気機関を利用した建設機械の登場
- ●蒸気の力によって大量急速施工が可能になる

蒸気機関車と鉄道橋

蒸気ショベルとロードローラ

当時世界最大級の蒸気ショベル

48 エンジンによる施工革命

エンジン搭載の建機が施工を一変させた!?

　ガソリンエンジンやディーゼルエンジンのような内燃機関は、現代の建設機械に欠かせない動力源といえます。エンジンは、動力源として蒸気機関に比べて小型・軽量であり、かつ熱効率がはるかに高いのです。エンジンの歴史は、１８６０年にフランスのルノワールがガスエンジンの特許を取得したのが最初といわれています。その後、ドイツのオットーがルノワールのガスエンジンを研究し、効率を高めた機関を開発しています。また、19世紀後半から20世紀前半には、ガソリンエンジンやディーゼルエンジンが開発されて実用化されていきました。

　建設機械としては、１９１２年に開発されたクローラ式パワーショベル（１９１３年に歩行式のパワーショベルが作られている）に、１９１４年ガソリンエンジンを搭載したものが登場しています。トラクタは、19世紀末にエンジンを搭載したものが開発され、無限軌道タイプは１９２０年代に登場しています。また、１９３０年代にはディーゼルエンジンを搭載したタイプが開発されています。ディーゼルエンジンは、ガソリンエンジンに比べて圧縮比が大きいので、熱効率がよく燃費のよいことが特徴です。ディーゼルエンジンは、強い力を長時間続けて発揮することが可能なことから、建設機械に適しているといえます。実際に、ほとんどの大型の建設機械がディーゼルエンジンを搭載しています。無限軌道タイプのトラクタにブレードを取り付けたブルドーザは、１９３０年代に登場しています。その他にもアメリカでエンジンを搭載した油圧式のホイールローダやダンプトラックなどが開発され、フーバーダム建設で活躍しました。

　産業革命で蒸気機関が発明され、土木工事における機械化施工が始まり、19世紀末から20世紀に開発、実用化されたエンジンを搭載した建設機械によって、土木施工は合理化や省力化、大幅なコスト削減が可能となったのです。

要点BOX

- ●機械化施工発展にエンジン搭載の建機が貢献
- ●エンジン搭載の大型建機で工事の省力化実現
- ●ディーゼルエンジン搭載の大型建機が現在の主流

ガソリンエンジンを搭載した無限軌道タイプのトラクタ

ブルドーザ

ダンプトラック

49 爆薬が生んだ施工革命

爆薬は硬い岩盤を破砕するための道具

トンネル工事やダム工事において、硬い岩盤を掘削していくためには爆薬による発破は欠かせません。トンネル工事の場合、切羽断面に削岩機で孔を空けてその中に雷管《らいかん》を付けた爆薬を挿入して爆破し、切羽部分の岩盤を破砕します。岩盤を効率よく破砕するためには、発破をかける順番が重要となります（一般的には切羽中央から外周に向かって順番に発破していくが、岩盤の状態によって発破の順番を決めている）。以前は、導火線と工業雷管（基爆薬と添装薬を詰めたもの）と爆薬からなる導火線発破でしたが、現在では電気導火線と電気雷管と爆薬という電気発破が主流となっています。

ダムの堤体掘削や原石山での岩石採取では、爆薬を用いてベンチ発破と呼ばれる階段状に破砕する方法が用いられます。破砕したい岩盤にミシン目のように穿孔《せんこう》し、そこに爆薬を装薬し爆破します。発破自体は、岩盤を前に押し出すような破壊をさせます。以前、ダム現場でこのベンチ発破を見たことがありますが、映画で見るような派手な爆破ではなく、発破自体は岩盤が少し盛り上がる程度でそれほど大きな音もしませんでした。

これらの発破に用いられる爆薬は、ノーベルが発明したダイナマイトです。ダイナマイトは、ニトログリセリンからできているのですが、それ自体はわずかな振動などで爆破を起こしてしまいます。運搬自体も難しく、工事への使用は到底できませんでした。そこで、ノーベルはこれを安全に取り扱えるように試行錯誤し、ニトログリセリンを珪藻土に染み込ませると安定することをつきとめ、これに起爆させるための雷管を付けたものをダイナマイトとしたのです。このダイナマイトの発明により、非常に手間と時間のかかった硬い岩盤の破砕作業を、飛躍的に省力化することができたのです。まさに、爆薬は土木工事のやり方を一変させたものといえます。

要点BOX

- ●岩盤の破砕には発破を行う順番も大事
- ●ベンチ発破は岩盤を前に押し出す発破
- ●ノーベルが発明したダイナマイト

トンネルの切羽と発破手順

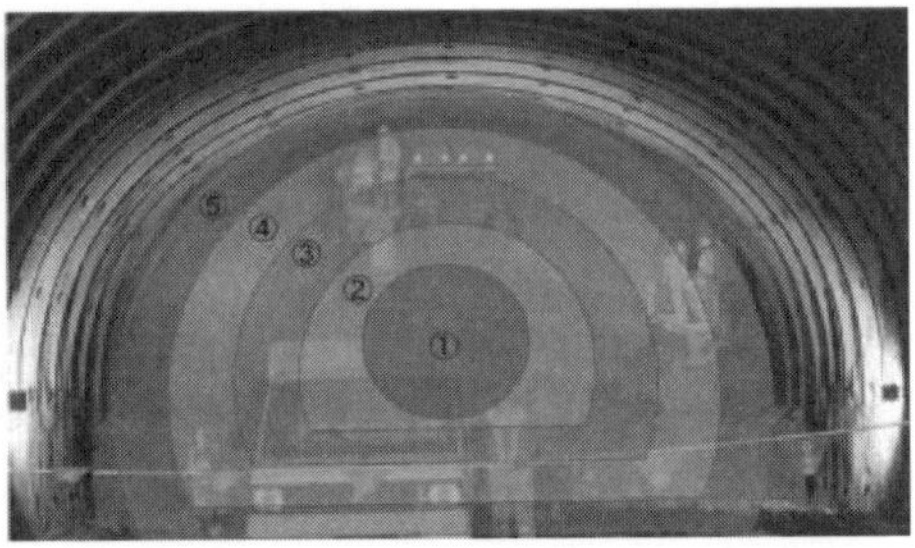

出典:「第1回　国道342号付替トンネル工事潜入レポ　～発破編～」成瀬ダム工事事務所
ウェブサイト(https://www.thr.mlit.go.jp/narusedam/guide/aruku001.html)

発破作業(穿孔作業)と発破後の作業

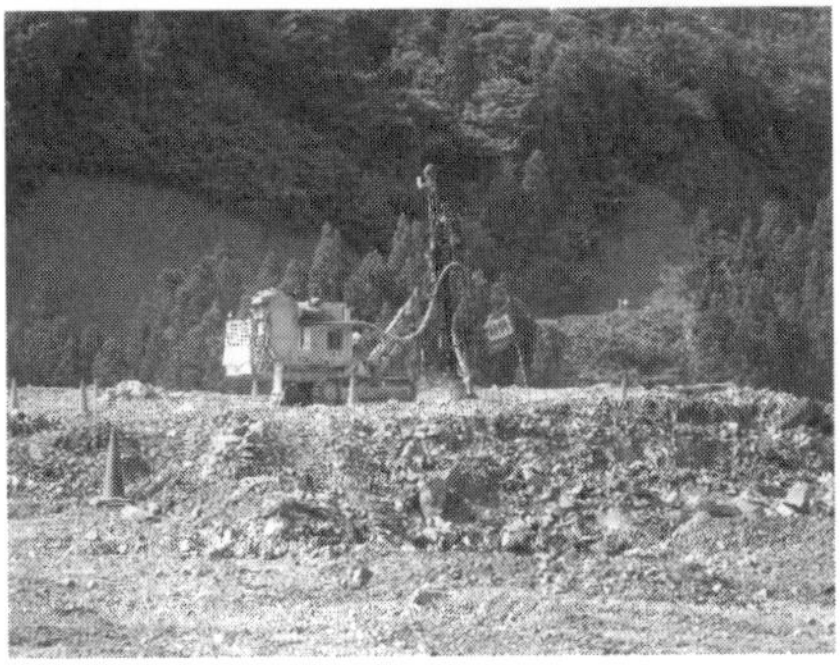

ベンチカット工法と岩盤の穿孔後

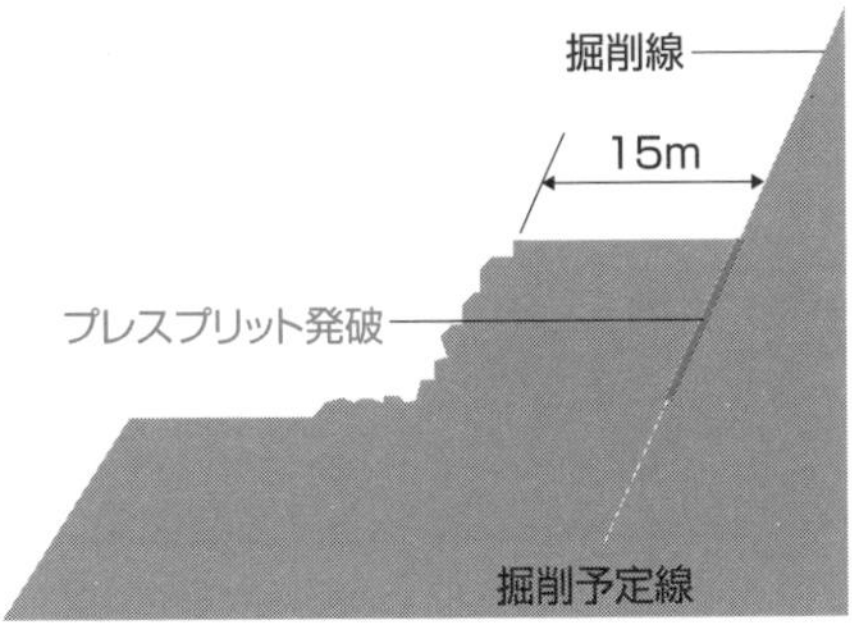

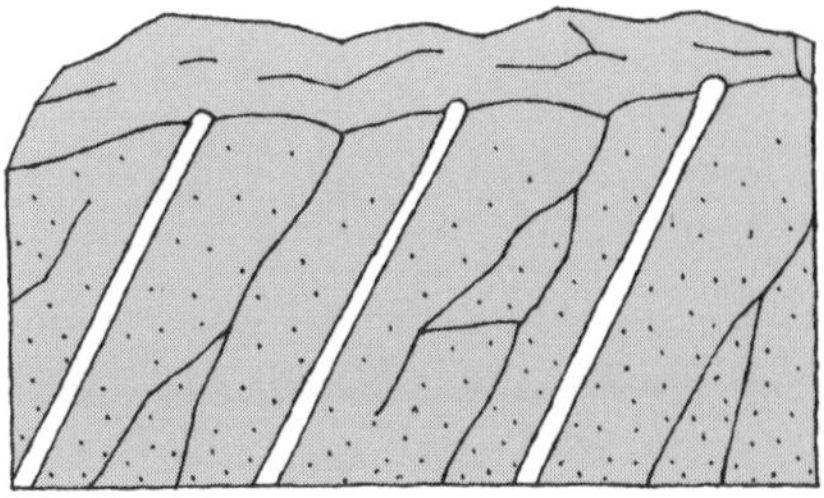

出典:「温井ダム工事誌」をもとに作成

50 自動化施工による施工革命

土木工事の繰り返し作業を自動化する！

　ダム工事では、例えばフィルダムの場合は土の盛り立てや転圧、コンクリートダムの場合は型枠の組立てやコンクリートの打込み（RCDダムやCSGダムでは敷均しと転圧）、締固めなど同じような作業を繰返し行って構造物を構築していきます。トンネル工事において、山岳トンネルの場合には掘削、ズリ出し、支保を繰り返して掘進していきますし、シールドトンネルの場合には掘削、排出、マシンの前進、セグメントの設置を繰り返して掘進します。土木工事の多くは、この繰り返しの作業を行っており、そのほとんどに人の手がかかっています。工場生産では、この繰り返し作業をロボットに置き換えて作業の省力化や効率化を図っています。では、土木工事のような現場施工で可能かというとそう簡単ではありません。

　30年ほど前にあるダム（RCD工法による施工）のコンクリートの敷均《しきなら》し作業に立ち会ったことがあります。そのダムは、作業する人がブルドーザによる敷均し作業の経験が少なく、敷均しにかなり時間を要していて出来高（コンクリートの打込み量）が予定を下回っていました。そこで、敷均しの経験が豊富なオペレータにデモをしてもらい、何が違うのかを比較しました。操作自体はそれほど変わりませんでしたが、コンクリートの状態や荷卸しされた状態を見極めながら敷き均す方向や量が大きく異なっていました。いわゆる経験値をもとにしたノウハウの違いでした。現場施工では、環境条件や施工条件が日々変化していく中で、どのようにして同じ品質のものとするのかが重要です。土木工事における施工の自動化の難しさは、ここにあると思っています。しかしながら、現在では刻々と条件が変わるこのコンクリートなど、ダム本体材料の敷均し作業をほぼ完全自動化して施工している現場があります。

　近い将来、誰もいないところにダムが出来上がっているのも夢ではないかもしれません。

要点BOX

- 土木工事の多くは繰り返し作業
- 現場施工は施工条件が時々刻々と変わる
- 自動化施工は確実に進んでいる

土木工事の自動化は現在どこまできているのか？

車の自動運転のレベル分け（国土交通省）

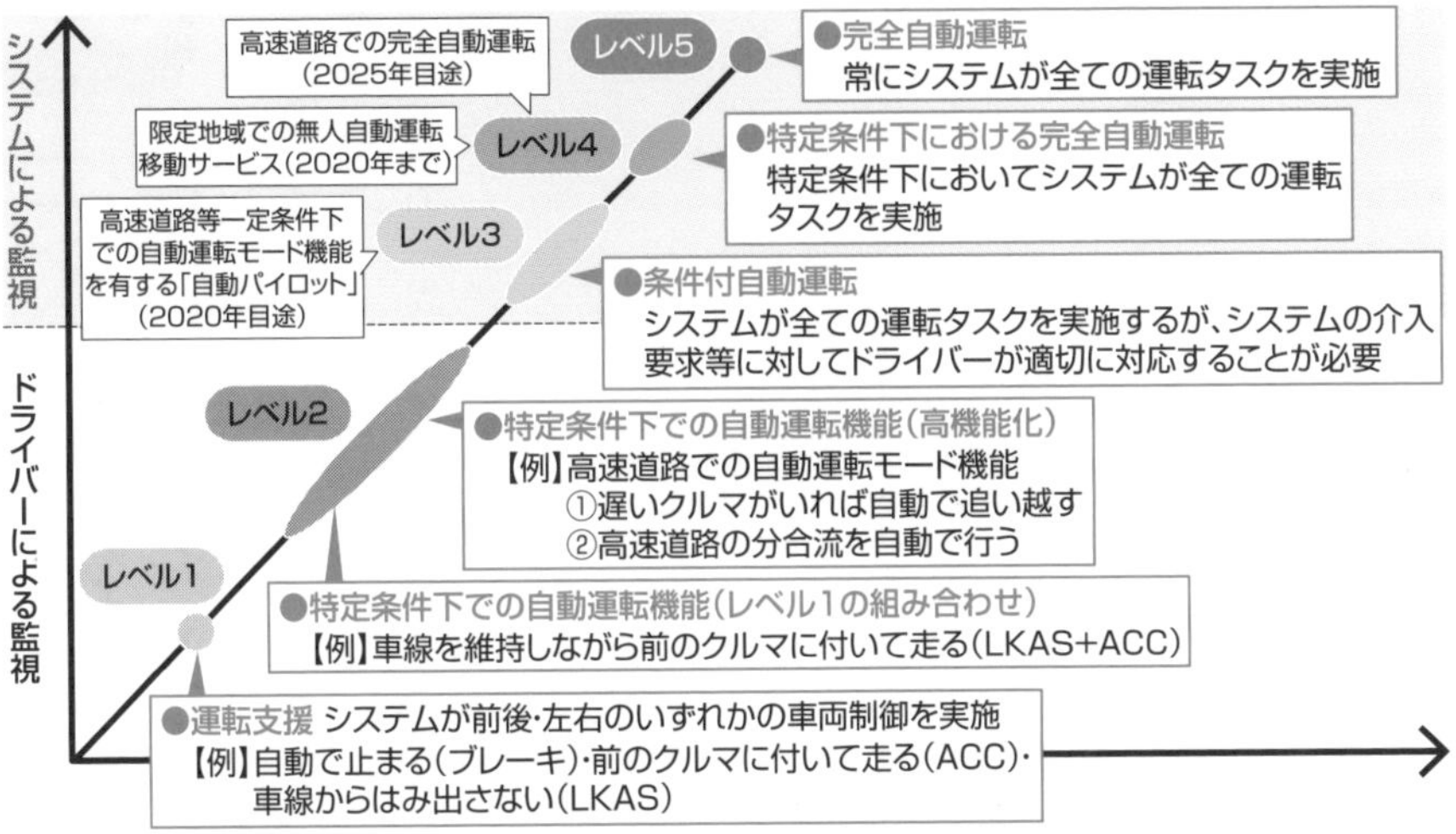
システムによる監視
ドライバーによる監視
高速道路での完全自動運転
（2025年目途）
限定地域での無人自動運転
移動サービス（2020年まで）
高速道路等一定条件下
での自動運転モード機能
を有する「自動パイロット」
（2020年目途）
レベル5
レベル4
レベル3
レベル2
レベル1
●完全自動運転
常にシステムが全ての運転タスクを実施
●特定条件下における完全自動運転
特定条件下においてシステムが全ての運転
タスクを実施
●条件付自動運転
システムが全ての運転タスクを実施するが、システムの介入
要求等に対してドライバーが適切に対応することが必要
●特定条件下での自動運転機能（高機能化）
【例】高速道路での自動運転モード機能
①遅いクルマがいれば自動で追い越す
②高速道路の分合流を自動で行う
●特定条件下での自動運転機能（レベル1の組み合わせ）
【例】車線を維持しながら前のクルマに付いて走る（LKAS+ACC）
●運転支援 システムが前後・左右のいずれかの車両制御を実施
【例】自動で止まる（ブレーキ）・前のクルマに付いて走る（ACC）・
車線からはみ出さない（LKAS）

出典:官民ITS構想・ロードマップ2017および国土交通省の資料をもとに作成

自動化施工の現在（ダム工事での材料運搬、敷均し、転圧）

©2019 KAJIMA CORPORATION

出典:鹿島建設株式会社
「クワッドアクセルのダム堤体での施工イメージ」

トンネルの覆工コンクリート自動施工ロボ

出典:清水建設株式会社
「マニピュレータ式の自動打込み装置」

51 安全器具で施工が変わる

工事における最優先事項は安全に作業できること!

建設業での労働災害による死亡者は、近年大きく減少しており、2022年度において30年前の約5分の1となっています。ただし、全産業に対する割合はそれほど変わらず40%前後となっています。以前、ダムの現場でベテランの作業員の方から聞いたのですが、「昔のダム現場は1万㎥に1人は死んだもんだ」といわれ、凄く驚いたのを覚えています。100万㎥のダムですと100名の方が殉職された計算になります。確かに、黒部ダムの建設では171名の方が殉職されています。ちなみに、黒部ダムの堤体積は158・2万㎥ですので、作業員の方の話もまんざら嘘ではないようです。現在では、100万㎥以上のダムの建設において無事故無災害が当たり前となっています。工事中に死亡事故が発生すると工事の停止だけでなく、官公庁の工事が指名停止(2週間~2ヶ月)されることから、その会社の停止期間中の他工事の受注もできなくなります。

施工会社は、当然安全対策や安全教育を徹底して行っています。また、作業する人たちの安全装備(ヘルメットや安全帯、安全靴など)の安全性も向上しており、例えばヘルメットの耐衝撃性は以前に比べて格段に良くなっています。また、軽量で暑さ対策にも配慮されたものになっています。もちろん、作業する人の作業環境も配慮されるようになり、特に熱中症に対しては水分補給や塩分補給だけでなく、こまめな休憩をとるよう指示することや体温が上がらないような作業服などの着用も推奨されています。落下防止対策に対しても2m以上の高所では安全帯の着用が義務化されており、5m以上ではフルハーネスの安全帯の着用が義務化されています。ただし、吉田兼好の「徒然草第百九段の高名の木登り」ではないですが、安全器具を装着しているからといって気を緩めると思わぬ事故に遭います。落下による死亡事故は2m以下でも発生しているのです。

要点BOX

- ●建設業の労働災害は大幅に減少している
- ●現在の工事では無事故無災害が当たり前
- ●気の緩みは事故の元

労働災害の発生数の推移

死傷者（休業4日以上）と死亡者の推移

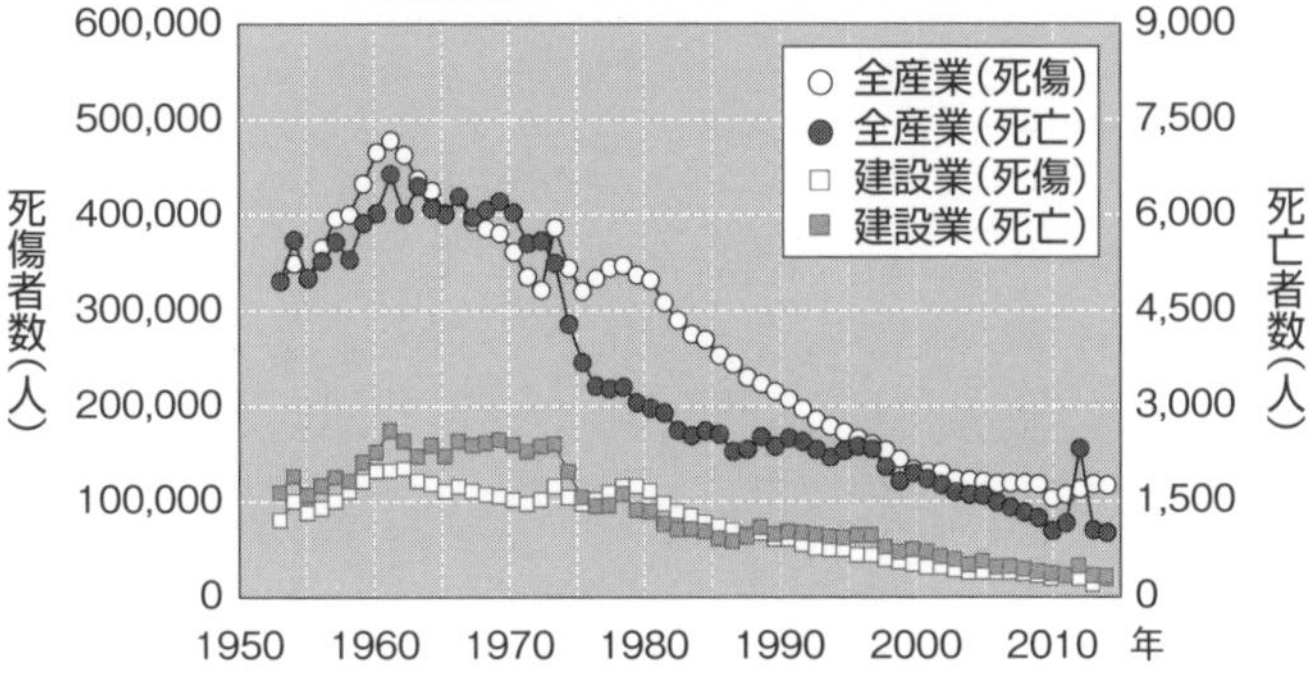

全産業に占める建設業の割合

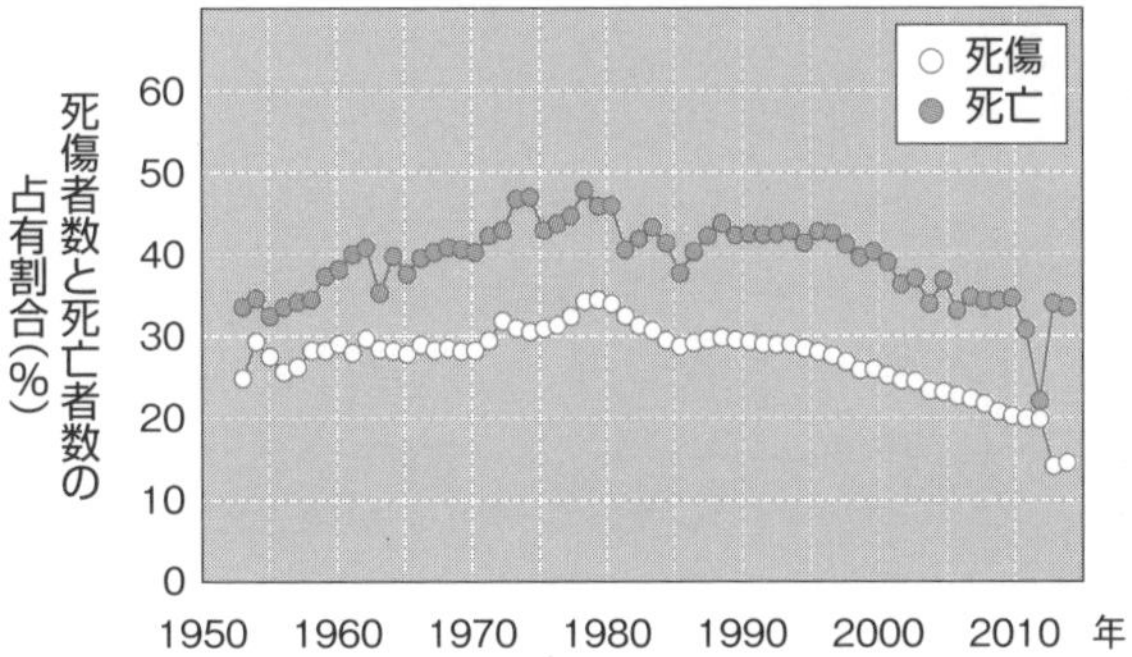

出典：玉手聡「建設業における労働災害の発生頻度に関する一考察」、土木学会第70回年次学術講演会（平成27年9月）

ヘルメットの耐衝撃性試験

フルハーネス装着

Column

ラブセビッツ

ラブセビッツら3人が提唱したNATM工法(New Austrian Tunneling Method)は、山岳トンネルの掘削工法の中のひとつで、トンネル周囲の地山がトンネルの掘削断面自体を支えるという支保機能を利用したものです。ただし、壁面からの湧水や周囲の地山の違いによって、支保機能が作用しなくなって崩落してしまいます。そこで、NATM工法では地山の安定性と一体化を目的として、壁面にコンクリートを吹き付けるとともに、ロックボルトを打ち込んで地山の安定性を高めて掘削断面を一体化させています。

このNATM工法は、1960年代にオーストリアのラディスラウス・フォン・ラブセビッツ、レオポルド・ミュラー、フランツ・パッヒャーの3人が提唱したものです。ラディスラウス・フォン・ラブセビッツ(Ladislaus von Rabcewicz、1893〜1975年)は、ウィーン工科大学教授で、多くのトンネル工事での地山の挙動や計測結果などをもとに、地盤工学での理論とそれらの挙動結果を結び付けてNATM工法を提唱しました。レオポルト・ミュラー(Leopold Müller、1908〜1988年)は、カールスルーエ大学の教授で、ロックメカニクス(岩盤力学)の先駆者の1人であり、他の2人とともにNATM工法の開発に貢献した人物です。

フランツ・パッヒャー(Franz Pacher、1919〜2018年、チェコ共和国出身)は、グラーツ工科大学の研究助手を務めた後発電所の建設現場で設計技術者および現場管理者として働き、1952年にレオポルド・ミュラーの地盤工学・トンネル建設技術事務所に就職し、1957年にミュラーの共同経営者となります。その後、ラブセビッツ教授との共同研究をもとに、ミュラーとともにNATM工法を提唱します。彼は、NATM工法を用いてオーストリア国内のトンネル工事の9割近くを手掛けたといわれています。

NATM工法は、1962年にオーストリア、ザルツブルグで開催された第13回国際岩盤力学会議で実質的な発明者であるラブセビッツによって提唱、命名されたものです。国内への適用は、上越新幹線の中山トンネル(高崎駅〜上毛高原駅間、総延長14・857㎞)で、熊谷組が担当した中山工区(延長4600m、1972年着工)が最初のようです。

NATM工法は、それまでのトンネル掘削工法を一変させる技術革新を起こしたといえます。

第7章
データで施工が変わる

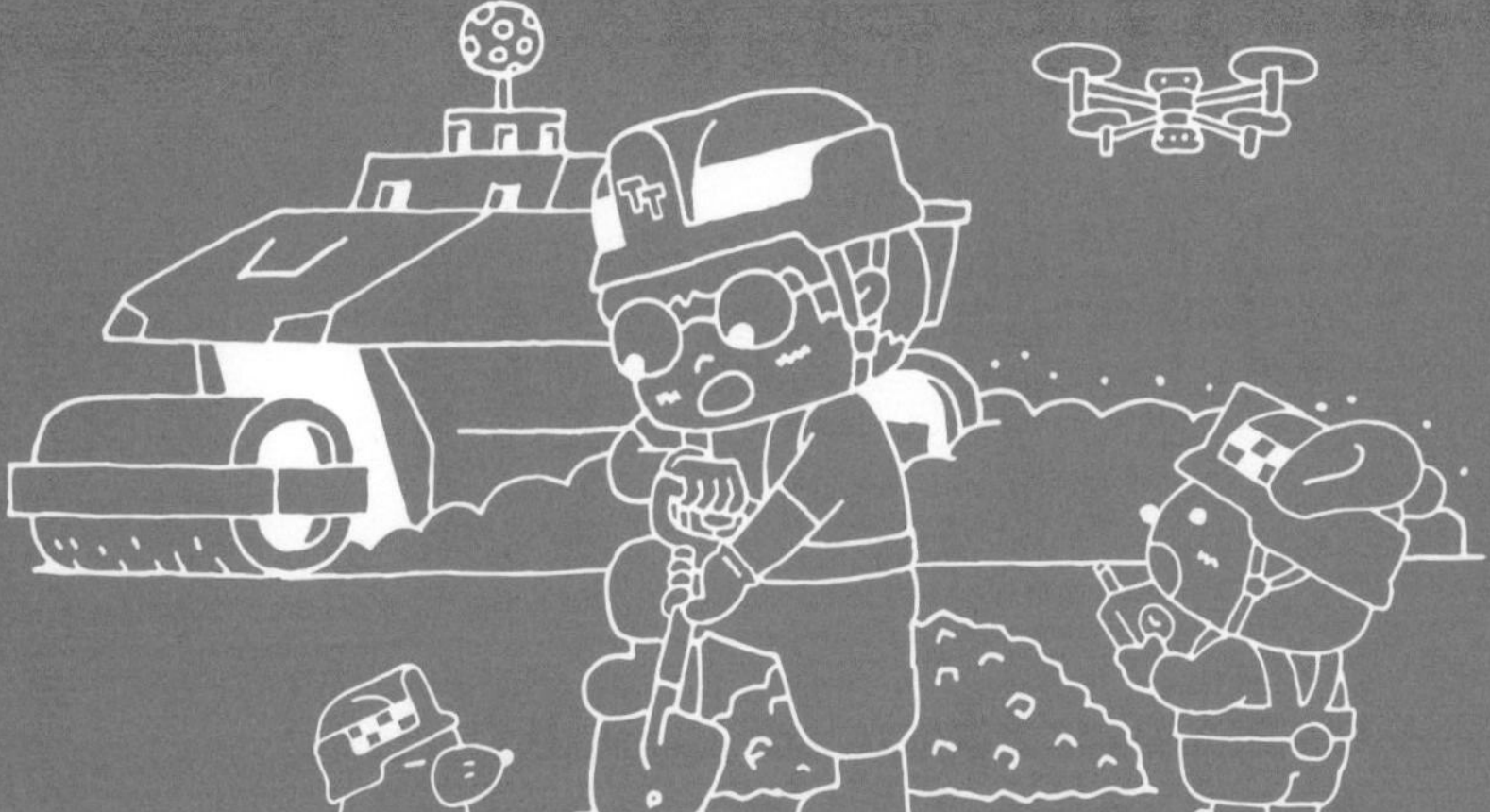

52 設計図書は施工の道しるべ

設計図書は事業者、設計者、施工者の共通認識事項を示したもの

設計図書は、事業者が求める要求内容を設計者が具現化してまとめたものであり、これがないと施工者は工事に取り掛かることができません。また、設計図書は事業者、設計者および施工者の認識を共有するものともいえます。設計図書には、工事を行うために必要な設計図面（形状や寸法などの構造諸元など）、設計計算書、仕様書、現場説明事項書などがあります。また、見積り資料や工事に関わる契約資料、契約図書なども含まれています。施工者は、この設計図書をもとに施工計画書を作成し、実行予算を組んでいくことになります。また、工事に必要な施工図面なども作成します。さらに、足場などの工事に必要な仮設計画および図面の作成も行います。

設計図書には、施工における作業手順や施工方法、材料品質、要求性能などが記載された仕様書があり、技術的要求や工事内容において標準的な内容を示した標準仕様書（国土交通省の各地方整備局および各県には土木工事共通仕様書がある）とその工事特有の施工条件や技術的内容を示した特記仕様書があります。例えば、国土交通省中部地方整備局から出されている土木工事共通仕様書は600頁を超えるもので、共通編（総則、土工、コンクリート工（無筋、鉄筋））、材料編（土木工事に使用する材料の種類や品質が示されており、「芝およびそだ」という植物についての記載まである）、土木工事共通編、河川編（築堤・護岸、浚渫などから構成されており、河川工事を網羅した工種内容が示されている）、河川海岸編（堤防・護岸、突堤・人工岬などから構成されている）、砂防編、ダム編、道路編（道路工事に関わる工種を網羅した内容が示されている）から構成されています。

設計図書は、あくまでも工事内容の仕様（規定）を示したものですので、これだけで土木工事の実際の施工ができるわけではありません。

要点BOX

●設計図書には工事の重要事項が示されている
●仕様書には標準（共通）と特記がある
●設計図書だけでは施工ができない

設計図書（設計図面）の分類

図面の種類	発注者	設計者	施工者
原設計図	位置図	位置図	
	平面図	平面図	
	縦断面図	縦断面図	
	標準横断図	標準横断図	
	横断面図	横断面図	
	一般図	一般図	
	構造図（配筋図含む）	構造図（配筋図含む）	
	指定仮設図	鉄筋加工図	
		鉄筋表	
		線形図（座標図）	
		用排水系統図 （必要に応じて）	
		仮設図	
		施工要領図	
		数量計算目的の展開図	
		その他	
参考図	鉄筋加工図		
	鉄筋表		
	線形図（座標図）		
	用排水系統図 （必要に応じて）		
	任意仮設図		
	施工要領図		
	数量計算目的の展開図		
	その他		
施工図			施工要領図
			土工図
			仮設計画図
			仮設設備配置計画図
			交通規制図
			その他

53 アナログからデジタルへ

土木現場でもデジタル化の波がきている

土木工事に限らず、ものづくりの現場ではデジタル化が急速に進んでいます。少し前までは、大きな図面の前で顔を突き合わせながら議論していたものですが、今ではタブレットを片手もしくは画面に写しながら議論し、画面上で図面を修正していきます。工事現場でも職員の人がタブレット端末を持って画面をタップさせながら作業員の人たちに作業の指示をしている光景をよく見かけます。施工自体も事前に施工手順（機械の配置や段取り替えなど）をシミュレートすることができるソフトまであります。

他方、ある大学の機械工学を教えている教授から聞いた話ですが、学生にはCADで図面を作成させる前に製図板を使って手描きの図面を作成させているそうです。完成形をイメージさせることと空間認知能力を養うのが目的だそうです。確かに、一度頭の中でイメージしたものを手と目を使って描くことは形を捉える良いトレーニングになります。画面上だけでは養えない空間認知能力が頭と手を使うことで身についてくるはずです。

30年近く前にあるダムの現場で勤務していた時、工事課長が毎日のように型枠の図面を手書きで描いていました。もちろん、すでにCADシステムが導入されていて、現場図面の多くはCADで作成されていました。課長になぜ手書きの図面を描くのか聞いたところ、「アーチダムの型枠は場所によって少しずつ形が変わっているから、頭の中でそれをイメージしながら図面を描いている」といわれました。数値計算してそれをCADデータにして図面を描けばできそうなものですが、いざ現場に立って型枠を実際に組み立てる段になると、完成形をイメージできていなければ難しいことをその時感じました。今後、ますますデジタル化が進んでいくと思いますが、アナログの持つ良さも大切にしていく必要があるのではないでしょうか。

要点BOX

●現場ではタブレット端末を持って作業員に指示
●手描きの図面は空間認知能力を養う
●デジタルとアナログのそれぞれの良さを生かす

施工手順のシミュレーション（栄ジャンクション）

JR東日本提供

タブレット端末を見ながらの議論

手描きの図面作成とCADを使った図面作成

54 デジタル化が施工を変える

BIM／CIMの導入がこれまでの土木工事を一変させる!?

国土交通省では、発注業務から工事完成、維持管理までの一連の情報の集約化・可視化を図るために、BIM／CIM（Building/Construction Information Modeling, Management）の導入を推進しています。BIM／CIMでは、3次元データ等を活用し、設計図書での3次元図面の導入や生産性向上のための技術導入を積極的に図っています。また、ライフラインなどの各事業者（電力会社、ガス会社、通信関連会社、上下水道を管理する地方自治体等）が保有している地下埋設物のデータの共有化、設計図面や工事記録などの電子納品についても推進しています。BIMは、元々建築分野で進められていたシステムで、建築物のライフサイクルデータを構築管理するものであり、3次元データを中心として建築物の設計、建設および維持管理の生産性を向上させるためのものです。一方、CIM（Construction Information Modeling）は2012年に国土交通省が提言した建設業務効率化のためのシステムです。CIMは、BIMと同様に3次元モデルを中心として事業者、設計者、施工者が情報共有することによって生産性の効率化や高度化を図るものです。現在では、土木分野と建築分野を総合してBIM／CIMとしており、ライフサイクル全体のマネジメントや3次元モデルによる可視化技術を導入して発注業務から維持管理までを一元化するためのシステム構築が行われています。

これまでは、事業者と施工者の間の認識の違いによるトラブルが生じることもありましたが、BIM／CIMの導入によってお互いの認識の統一が図られることによって、これまでのような問題も解消されることが期待されます。また、構造物の竣工後の工事記録などの膨大なデータもデジタル化されることによって、物理的なスペースが大幅に削減されるだけでなく、書類の紛失などによって維持管理に支障を及ぼすこともなくなることが期待されます。

要点BOX

- ●発注業務から維持管理までの情報共有化
- ●官民が各自保有しているデータの共有化
- ●発注者と施工者の認識のズレが減る

BIM/CIMの活用

これで
進めていこう。
まあ
大丈夫
だろう
あ…ちょっと
調査して作り直し
てくれるかな?

官民が保有するデータの連携（BIM/CIMの概要）

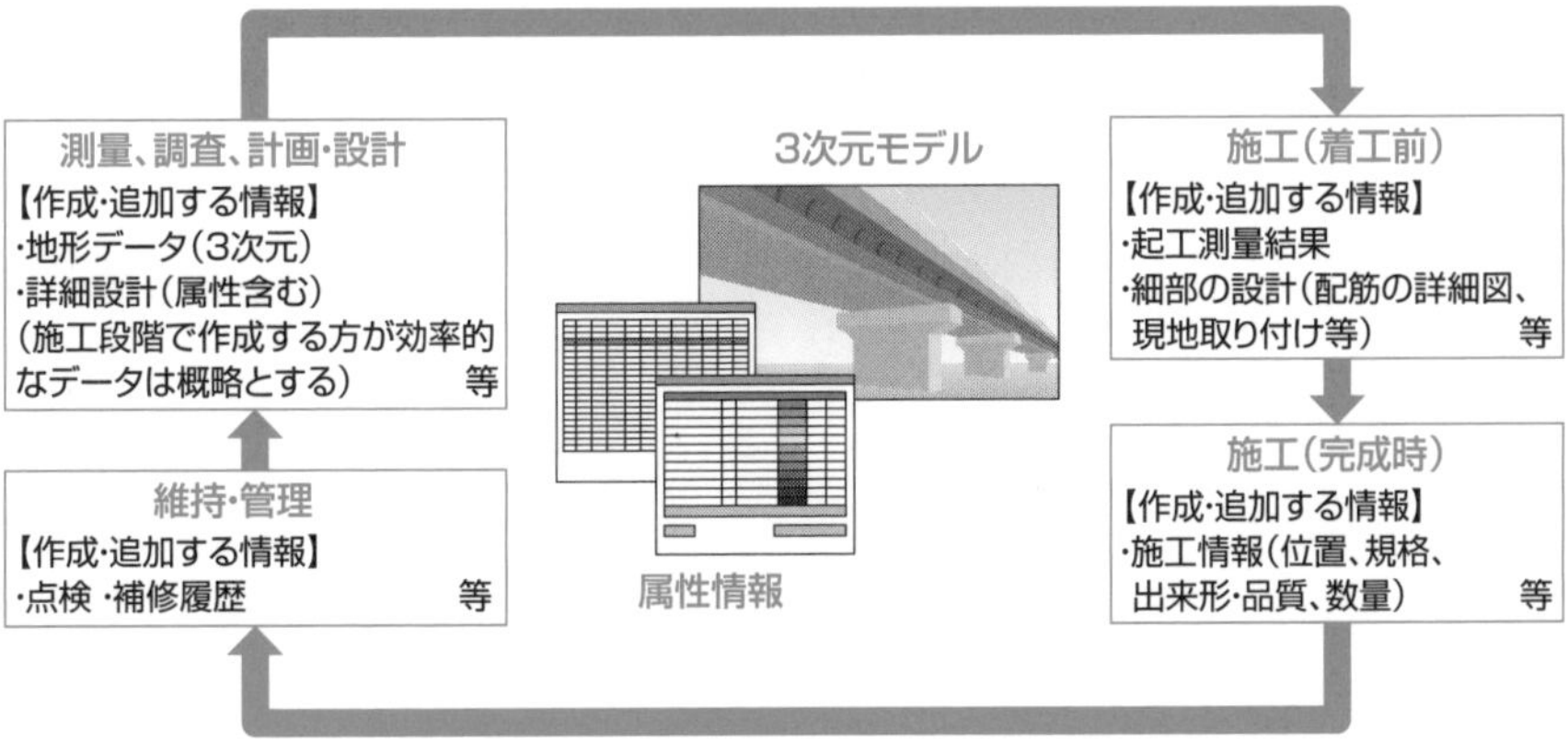

測量、調査、計画・設計
【作成・追加する情報】
・地形データ（3次元）
・詳細設計（属性含む）
（施工段階で作成する方が効率的なデータは概略とする）　等
3次元モデル
属性情報
施工（着工前）
【作成・追加する情報】
・起工測量結果
・細部の設計（配筋の詳細図、現地取り付け等）　等
施工（完成時）
【作成・追加する情報】
・施工情報（位置、規格、出来形・品質、数量）　等
維持・管理
【作成・追加する情報】
・点検・補修履歴　等

出典:国土交通省大臣官房技術調査課「初めてのBIM/CIM」をもとに作成

55 大量のデータを利用した施工

膨大な点群データの活用が施工のやり方を変えた!?

従来（数十年前）の測量は、トランシット、レベル、スタッフ、スチールテープなどを使って測量データを取得し、その測定した値を野帳などに記入して、電卓や表計算ソフトなどを用いて計算し、その結果を用いて図面の作成や出来高管理などを行っていました。これらの測量は、ほとんど人が重い機材を担いで測量場所まで行っていました。以前、ダムの現場に勤務していた時、測量を専門に行うグループがいました（通常の現場では、建設会社の新入社員もしくは若手が行っている）。毎日ダムの現場内を大きな鉈を持ち、測量機器を担いで山の中（当然、道などないところ）に伐採しながら分け入っていき、地形データなどを取得するための測量を行っていました。その姿は、まるで映画にでてくる探検隊のようでした。現場は、高低差が160m近くあり、それを1日何往復もして測量を行っていて、傍からみていてその重労働には頭が下がる思いでした。

現在では、レーザスキャナを用いて3次元の点群データ（構造物や地形を点の集まりとしたもので、それぞれの点に3次元の座標データを持っている）を取得し、地形の測量、構造物の出来高管理などが行われています。また、最近ではドローンを活用したレーザ測量も行われるようになりました。空中からの測量ですので、重い機材を担いで道なき道を分け入って測量する必要もないのです。レーザ測量で得られた点群データは、対象範囲および点群データの粗密にもよりますが、数十GB～数百GBという膨大なデータ容量となります。これだけの大容量のデータ処理が比較的簡単にできるようになり、CADデータなどにも適用できるようになったことで、ドローンなどによるレーザスキャナを用いた測量が普及しました。ビッグデータの取得、格納、処理が可能になったことで、これまでの施工のやり方を大きく変化させたといえます。

要点BOX
- ●従来の測量作業は過酷な仕事
- ●レーザスキャナによる点群データの取得
- ●ドローンなどによるレーザ測量

ドローンによるレーザ測量

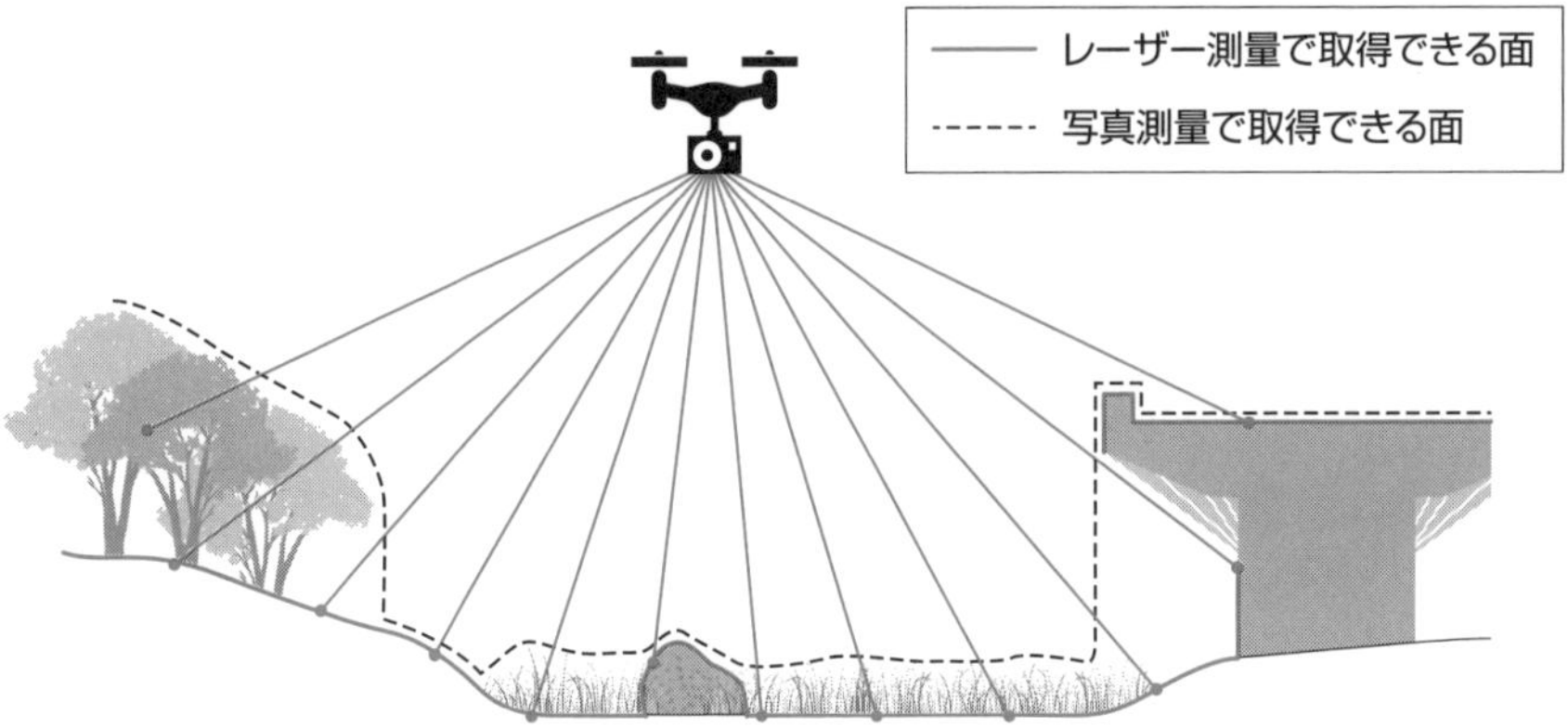
レーザー測量で取得できる面
写真測量で取得できる面

従来の測量とドローンを使った測量

測量も
ハイテクの
時代だ

56 遠隔操作で施工を変える

無人化施工への道

被災地での復旧工事では、二次災害などの危険性から人が立ち入れないためになかなか工事が着手できないことがあります。1991年に起こった雲仙普賢岳の噴火では、40名を超す方が亡くなり、火砕流の発生や噴火活動が数年間に及んだことから、復旧作業が難航しました。この時、火砕流到達の可能性のある危険区域内において、土石流の再発を防ぐために堆積土砂の除石および砂防工事を行う必要がありました。そこで、重機を無線通信によって遠隔操作して施工する技術が開発されました。しかしながら、その当時は無人化施工を支えるだけの通信技術（画像などの大容量データを遅延なく送信する技術）が確立されていませんでしたし、通信機器や画像装置など過酷な作業環境に耐えられるだけの機能を持ち合わせていませんでした。ちなみに、国内でのインターネット接続サービスは1993年からで、その当時の使用料は月額数百万円、光回線（100Mps）は数億円だったそうです。それでも、少しずつ無人化施工技術の開発は続けられ、1995年には警戒区域内での無人化施工による除石工事に着手しています。その後、水無川流域での砂防堰堤工事では、無人化施工によるコンクリート打込みが行われています。

現在では、移動通信システムの飛躍的な発展によって、超高速・大容量、超低遅延、多数同時接続が可能となり、通信速度は10 Gpsで遠隔操作する際の高精細映像を把握することが可能となり、遠隔地のロボットなどを遅延なく（タイムラグなし）操作することが可能となっています。

今では、GPSやジャイロなどの計測機器および制御用パソコンを搭載して、自動運転を可能にした建設機械が開発されています。この建設機械は、リアルタイムで自分の位置や姿勢を把握し、周辺状況の計測結果から人や障害物などを認識し、自動停止、再開などが行える自律運転機能を有しています。

要点BOX

- ●無人化施工を支える通信技術
- ●移動通信システムの飛躍的な発展
- ●実運転機能を有した建設機械の登場

無人化施工の変遷

	昭和44年頃〜	平成5年〜	平成7年〜	平成21年〜現在
大別	目視による無人化施工 【雲仙・普賢岳災害 以前】	映像伝送システムを用いた無人化施工【雲仙・普賢岳災害 以降】		
区分	第1世代	第2世代	第3世代	第4世代
操作方式	直接操作方法	モニター操作方法	情報化施工方式	ネットワーク型 遠隔操作方式
施工方式	オペレータが機械を直接目視しながら遠隔操作する	オペレータが機械の映像をモニターで見ながら遠隔操作する		
システム概要	通信方式:特定省電力無線 視認方法:直接目視	通信方法:特定省電力無線 視認方法:カメラ・モニター	通信方法:特定省電力無線 視認方法:カメラ・モニター 情報化施工:GPSマシンガイダンス・転圧管理システム	通信方法:無線LAN 視認方法:カメラ・モニター 情報化施工:GPSマシンガイダンス・転圧管理システム
操作距離と作業内容	簡易な作業(一般掘削等)のみ。 緻密な作業は不可。 作業可能範囲 0〜50m程度(目視可能な距離)	高い施工精度を求めない工種全般。 土砂掘削・運搬 作業可能範囲 直接方式:0〜300m程度 中継方式:0〜2,000m程度	無人化施工で可能な工種全般。 土砂掘削運搬 RCCによる構造物構築 作業可能範囲 直接方式:0〜300m程度 中継方式:0〜2,000m程度	無人化施工で可能な工種全般。 土砂掘削運搬 RCCによる構造物構築 作業可能範囲 直接方式:0〜600m程度 中継方式:0〜2,000m程度
特徴	●準備作業が容易	●直接目視できない距離で作業が可能	●RCCによる構造物構築が可能	●無線LANにより電波の混信による誤作動がなくなり、同時に使用できる重機数が大幅に増加

出典:糸山国彦、西島純一郎、平澤太地「雲仙・普賢岳における無人化施工技術」、土木技術資料60-7(2018)、一般財団法人土木研究センター

移動通信システムについて

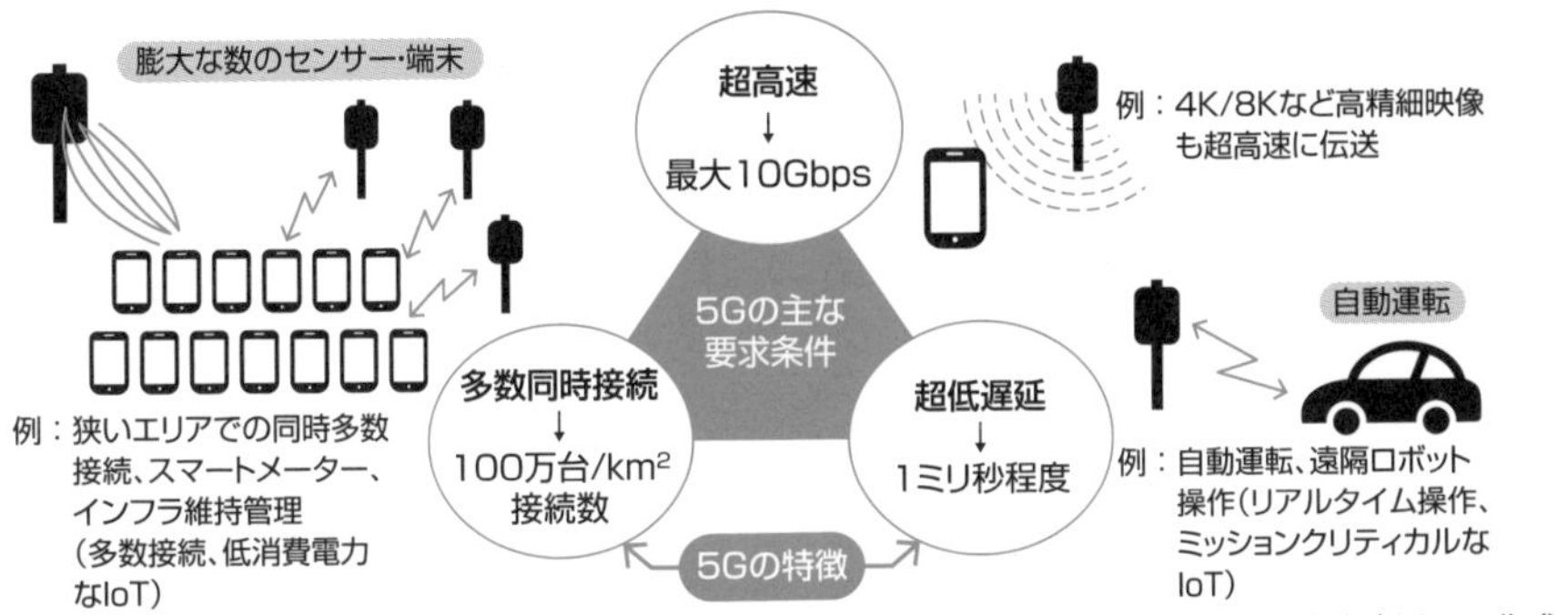

出典:総務省「情報通信白書平成28年版」をもとに作成

無人化施工のイメージ

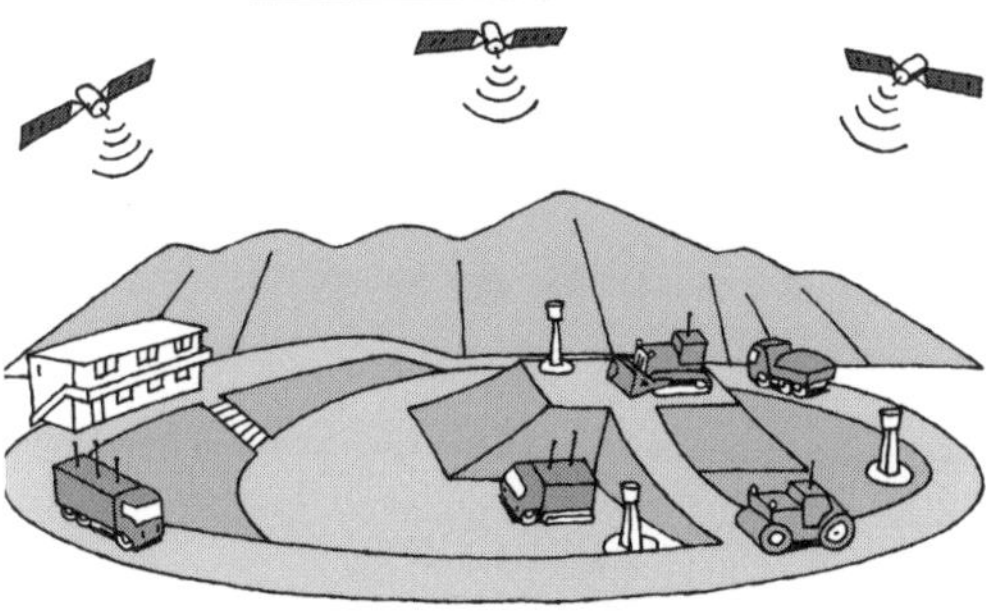

出典:国土交通省九州地方整備局雲仙砂防管理センターウェブサイト「雲仙で誕生した先進事例 - 無人化施工」をもとに作成

57 経験値をデータ化することで施工がどう変わる？

土木における経験値をどのように次の世代に伝えるのか？

　土木工事では、常に最先端の施工技術を駆使して行っている印象があります。確かに、施工の合理化や省力化、効率化を図りながら、品質の向上、コスト縮減を目指しています。一方で、工事の基本的な施工技術や使用材料、施工方法は何十年と変わっていないものもあります。道路の施工は使用する材料が変わっていますが、基本的な施工方法はローマ時代に造られたものとほとんど変わっていません。土木の世界でよく耳にするのは、土木工学は経験工学であるという言葉です。他方、ソフトウェアの開発でしのぎを削るIT業界では、プログラミングの能力が重要です。ただし、日々進化するプログラミングの世界では経験値よりも発想力や新しいソフトへの適応力が求められます。したがって、いくら経験を積んでもプログラミングできなければ若い世代にどんどん追い越されてしまいます。

　土木工事では、仕事で培った技術（成功も失敗も含めて）がものをいいます。まさに経験値です。では、この経験値をどのように経験の少ない人たちに伝えていくのでしょうか。直接、ベテランが若手に指導する方法（OJT：On the Job Training）があります。昔は、先輩社員の仕事をする背中を見ながら経験を積んでいきましたし、先輩社員が時には叱り、時には褒めて若手社員を育ててきました。しかしながら、昨今の若者の土木離れや土木技術者の高齢化、人手不足でそんなことをしている暇がないといわれています。

　最近は、熟練の技術者の持つ経験値をコンピュータに機械学習させて、経験の少ない人たちへのサポートや、機械学習させた機械が人に代わって自動化施工することが試みられています。もちろん、経験値をデータ化することはたやすいことではありませんし、一朝一夕にできることではないですが、土木技術を伝承していくためには必要不可欠といえます。

要点BOX

- 土木工学は経験工学
- 少子高齢化の中での技術の伝承
- データ化した経験値を機械学習

機械学習による技術の伝承

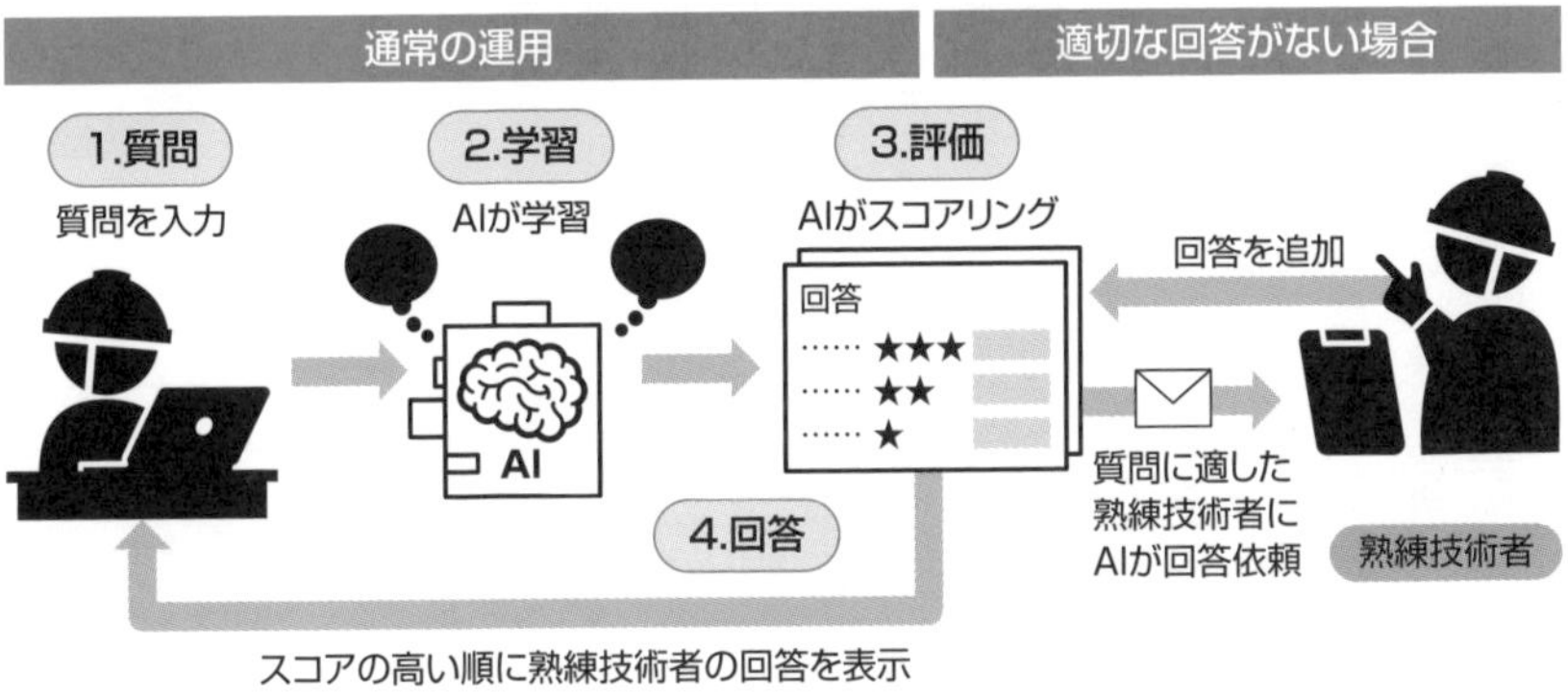

ベテランから若手への技術の伝承

プログラマーと土木技術者

58 i-Constructionが土木施工をどう変える？

ICTの全面的な活用がi-Construction成功の鍵!?

i-Constructionとは、国土交通省が推進するプロジェクトで、建設現場にICT（Information and Communication Technology：情報通信技術）を導入・活用することで、生産性向上を目指すとともに労働環境の改善や人材不足の解消を図ることを目的としたものです。土木の現場では、作業員の高齢化や厳しい作業環境から若手の土木離れが進んでいます。i-Constructionでは、ICTの活用や規格の標準化、施工時期の標準化を推進しており、特にICTの活用を全面的に推進していて、測量、設計、施工、検査、維持管理などの各工程での導入を促進しています。また、i-Constructionを推進するために産官学が連携したi-Construction推進コンソーシアムが2017年に発足しています。コンソーシアムの設立趣意を次のように説明しており、建設業界内外の関係者が情報交換する場として設立されました。

「i-Construction の推進にあたっては、建設現場の生産性向上について調査・測量から設計、施工、検査、維持管理、更新の各建設生産プロセスの関係者間において常に情報交換し、議論できる場を作ることが必要である。また、これまで十分連携してこなかった金融、物流、情報通信等の企業関係者や学識経験者・学会との連携も重要である。特に、IoT（Internet of Things：いろいろなモノをインターネット接続させて連携させる技術）、ロボット、AI、ビッグデータ等の分野の技術は急激に進化しており、技術開発と社会実装のサイクルが従来にない早さで回っている。急速に進展するIoTなどの技術の動向を踏まえて、技術の現場導入を進める必要がある。」

i-Constructionは、大手ゼネコンを中心に積極的に行われている一方で、中小や地方の建設会社などではコストの負担、ICTに対するスキル不足などを理由にまだそれほど導入されていないことから、今後はさらなる普及拡大が課題といえます。

要点BOX

- ●建設現場の生産工場、環境改善、人手不足解消
- ●建設生産の各プロセスにICTを導入
- ●中小、地方の建設会社への普及拡大が鍵

ICT技術の活用イメージ

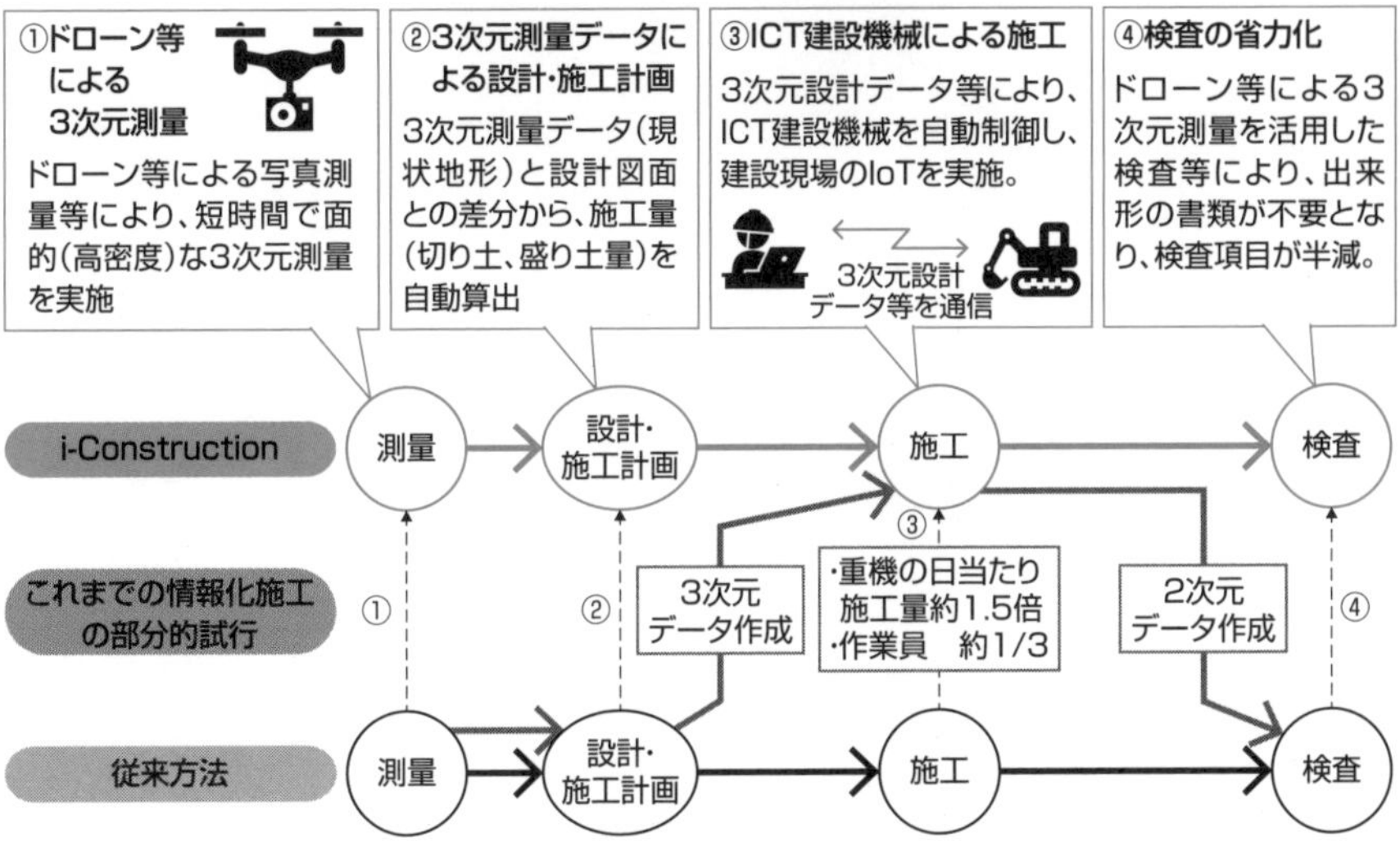
①ドローン等による3次元測量
ドローン等による写真測量等により、短時間で面的(高密度)な3次元測量を実施
②3次元測量データによる設計・施工計画
3次元測量データ(現状地形)と設計図面との差分から、施工量(切り土、盛り土量)を自動算出
③ICT建設機械による施工
3次元設計データ等により、ICT建設機械を自動制御し、建設現場のIoTを実施。
3次元設計データ等を通信
④検査の省力化
ドローン等による3次元測量を活用した検査等により、出来形の書類が不要となり、検査項目が半減。
i-Construction
測量
設計・施工計画
施工
検査
これまでの情報化施工の部分的試行
①
②
3次元データ作成
③
・重機の日当たり施工量約1.5倍
・作業員　約1/3
2次元データ作成
④
従来方法
測量
設計・施工計画
施工
検査

出典:国土交通省「i-Construction～建設現場の生産性革命～参考資料」(https://www.mlit.go.jp/common/001127740.pdf)をもとに作成

i-Construction推進コンソーシアムの組織体制

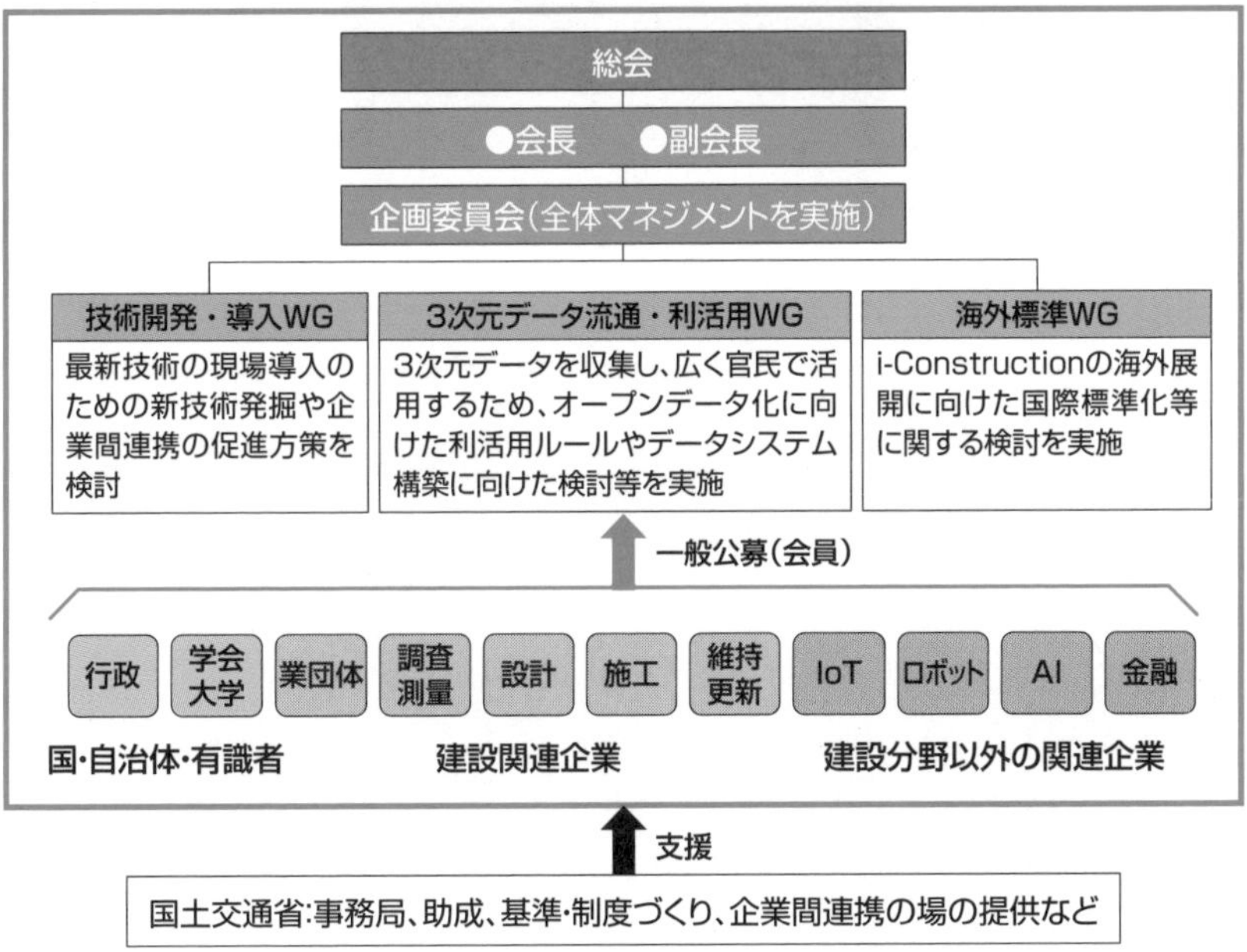
総会
●会長　●副会長
企画委員会(全体マネジメントを実施)
技術開発・導入WG
最新技術の現場導入のための新技術発掘や企業間連携の促進方策を検討
3次元データ流通・利活用WG
3次元データを収集し、広く官民で活用するため、オープンデータ化に向けた利活用ルールやデータシステム構築に向けた検討等を実施
海外標準WG
i-Constructionの海外展開に向けた国際標準化等に関する検討を実施
一般公募(会員)
行政
学会大学
業団体
調査測量
設計
施工
維持更新
IoT
ロボット
AI
金融
国・自治体・有識者
建設関連企業
建設分野以外の関連企業
支援
国土交通省:事務局、助成、基準・制度づくり、企業間連携の場の提供など

出典:国土交通省ウェブサイト「i-Construction推進コンソーシアム」(https://www.mlit.go.jp/tec/i-construction/i-con_consortium/index.html)をもとに作成

Column

重源

俊乗房重源は、1180（治承4）年に起こった平重衡による南都焼討で、伽藍の大部分を焼失した東大寺再建に奔走した僧侶です。享年86歳（1121（保安2）年～1206（建永元）年）で、当時としては非常に長寿であり、しかも東大寺の再建に乗り出したのは60歳を超えてからです（東大寺勧進職に就いたのは61歳の時である）。重源は、3度中国（南宋）に渡っており、かの地で建設技術なども習得したといわれています。

重源は、自ら東大寺再建のための勧進（今でいうと寄付金集め）を行い、大仏殿造営のための資材（主に柱などに用いる巨木）を探しに周防国（今の山口県）の山深い杣《そま》まで分け入っています。そこで見つけた巨木を山から引き出すために、中国で習得したであろう技術の轆轤《ろくろ》を使用したという逸話があります。1000人の人手が必要な、長さが十丈（約30m）以上、直径五尺（1・5m）を超える巨木を2台の轆轤（地面に対して垂直に建てた軸木に地面と水平に設置した持ち手が付いた円盤を回して綱を巻き上げる一種の巻き上げ機（人力ウィンチ））を用いて、わずか数十人の人夫で引き出したといわれています。当時としては驚くべき運搬の道具といえます。

また、巨木を引き出すために道を整え（杣道は延長三百町（約33km）に及んだ）、谷あいには橋を架けたそうです。また、重源は東大寺再建用の木材の運搬において、河川を利用して海まで運ぶための河川改修工事を行っています。その中には、関水（水嵩を増すために、水深の浅い場所に堰を設けるとともに、左右岸のいずれかに巨木を引くための船を通す石畳を敷設している）を造ったり（佐波川に118箇所造られたといわれているが、現存しているのは徳地船路の佐波川関水1箇所のみとなっている）、迫戸白坂（現在の山口県防府市迫戸町付近）から植松（防府市植松付近）までの佐波川の流路を直線的に変更したりするなどの河川の改修工事を行っています。海まで運んだ巨木を筏《いかだ》にして瀬戸内海を通り、摂津国（今の大阪府）の渡邊別所（造営の事業拠点）に集められ、淀川、木津川を遡り、泉木津木屋所まで運び、そこからの陸路は大力車に載せて120頭の牛や多くの人で巨木を引いたようです。

重源は、当時の最先端技術を用いて東大寺の再建を行いました。しかし、戦国時代に再興した大仏殿などは焼失してしまいましたが、その遺構は今も残っています。

第8章

土木施工は日々進化していく

59 人力による施工

工事の細部は人の手によって行われる!

現在の土木工事の多くは、機械化施工となっています。それでも機械でできないような作業は、人力で行っています。ある法面《のりめん》工事において、格子状の吹付けコンクリートでできたフレームの交点に鉄筋を挿入するための削孔作業を行っていたのを見たことがあります。狭い小段（人が2人並んで歩けないような狭さでした）に、作業員の方2人で削孔《さっこう》用の大型ドリルを抱え上げながら据え付けて削孔する作業を行っていました。法面の下からクレーンで吊り下げながら作業するのが難しくて（どうしても揺れるので、削孔する孔の位置を定めるのが難しい作業だったようです）、小さな架台に手動のチェンブロックを付けて手で引き揚げながら削孔位置にドリルを据え付けて削孔する作業を繰り返していました。

法面工事では、吹付けコンクリートを吹付ける作業を行うノズルマンが親綱一本でぶら下がり、法面の様子などを見ながら加える水量を調整して吹付けを行います。機械化施工することも可能でしょうが、吹付け機械を据え付けるような場所もないところでは手間とコストがかかってしまいますし、何より法面状況を見ながらリバウンドを極力少なくするような作業は現状の吹付け機械ではできません。人力で行った方が効率よくかつ安価にできるのです。他にもコンクリートダムでの型枠際の締固めは、油圧ショベル型バイブレータでは型枠が邪魔になって十分な締固めができないので、尻鍬《しりぐわ》が大きなダム用バイブレータを持って行います。現場での鉄筋の組立ては、ほとんど人力で行っていますし、複雑な形状の型枠の建込みなどはやはり人力で行っています。

土木工事では、もちろん多くの部分で機械による施工が行われていますが、要となる作業の多くはやはり人力で行われています。これは、土木構造物が一品もので1つとして同じ施工条件がないため、最後は人に頼るしかないからです。

要点BOX
- ●機械化できない作業は人力で行う
- ●人力で行った方が安価で効率よくできる
- ●要の作業は人力で行う

吹付け作業

コンクリートダムでの型枠際の締固め作業

鉄筋の組立作業

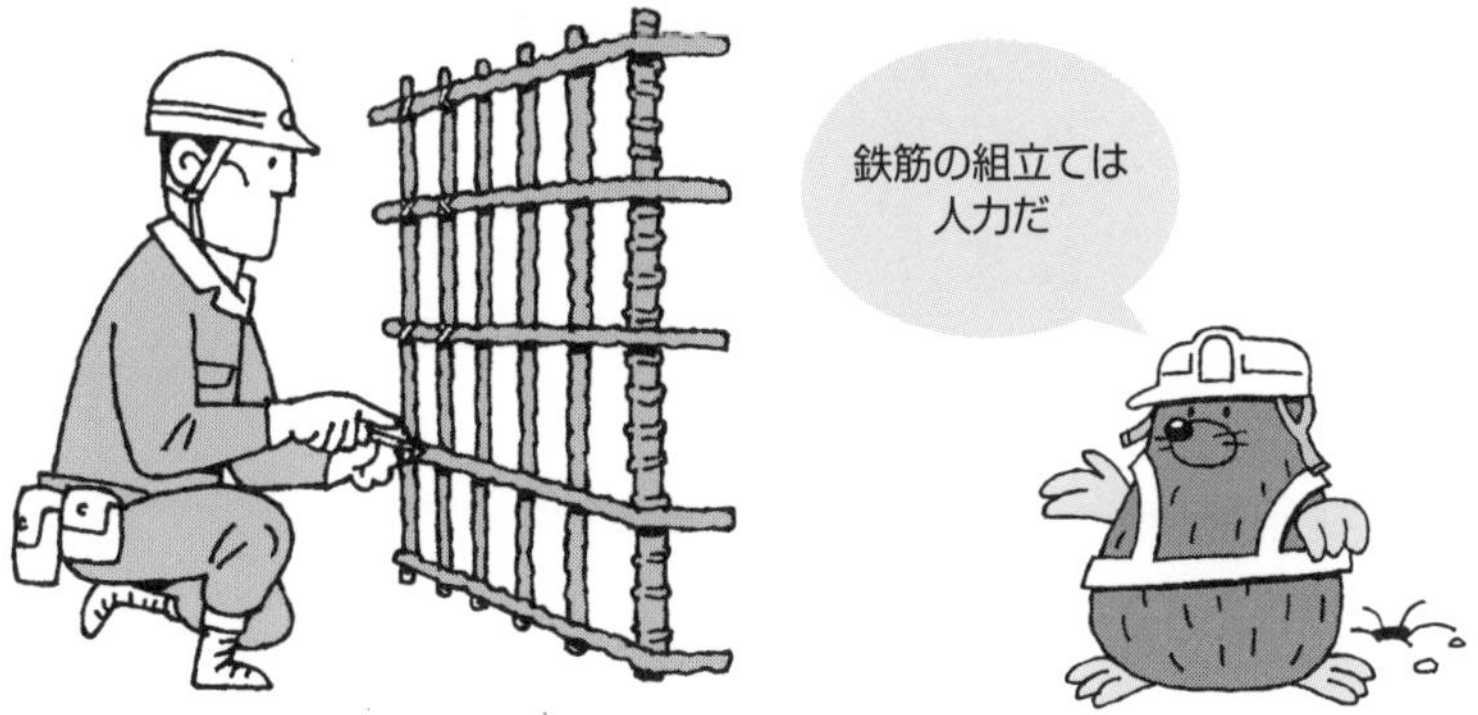

60 道具を使った施工

工事の基本は人が手に持った道具で行う!?

土木工事の基本は、掘ること、削ること、盛ること、組むこと、固めることです。掘るのは主に土砂になりますが、その道具としてはショベル、スコップ（角スコップ（先が平らで土などをすくいとるのに用いる）、剣スコップ（先が尖っていて、主に穴を掘るのに使う。似たようなものに先端を研いで鋭利にしたエンピがある））、ツルハシ（固い地面を掘り起こす道具で、湾曲した鉄の両端を尖らせたものと片方だけを尖らせたものがある。名前は形状が鶴の嘴《くちばし》に似ることに由来）、ジョレン（土砂などを掻き寄せたり敷き均したりする用具）などがあります。以前、作業員の方に「土方は1日2〜3㎥土を撥《は》ねて（掘って）一人前だ」といわれたことがあります。

岩などを削る（掘削する）のは、ツルハシやタガネ（はつり、石ノミなどともいう）、セットウ（石頭：槌、タガネやコヤスケ（柄のついたタガネのようなもの）の頭を叩いて岩を割ったり、削ったりする道具）、ハンマーなどを用いますが、ほとんどの場合、削岩機やブレーカ、ハンマードリルなどの機械式の道具（空圧式、電動式もしくは油圧式）を用います。土などを盛るのは、ショベルなどを使いますが、運搬にはネコ（一輪車）などを使います。盛った土を突固める道具としては、タコ（堅い丸材に1m程度の引手を取付けたものを数人で上下させて突き固める）がありますが、今はタンパやランマなどの機械式の道具が用いられます。

型枠を組む場合には、鋼製型枠であればハンマーやラチェットなどを用いますし、木製であればノコギリ、ハンマー、ドリル、グラインダ、水準器、コンベックスなどを使います。鉄筋を組む場合には、ハッカー、コンベックス、番線カッタ、ラチェット、マーカペンなどを使います。

要点BOX

- ●掘削の道具はスコップ、ショベル、ツルハシ
- ●土を盛るはショベルとネコとタコ
- ●工事道具を駆使して型枠・鉄筋を組む

土を掘ったり、固めたりする道具

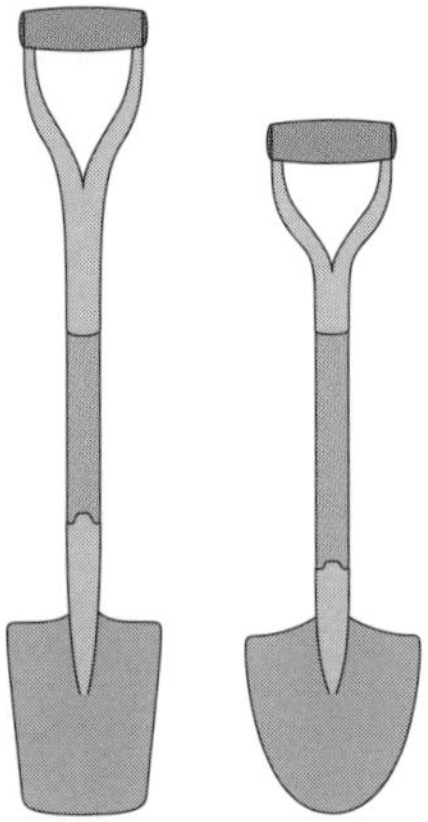

スコップ

エンピ

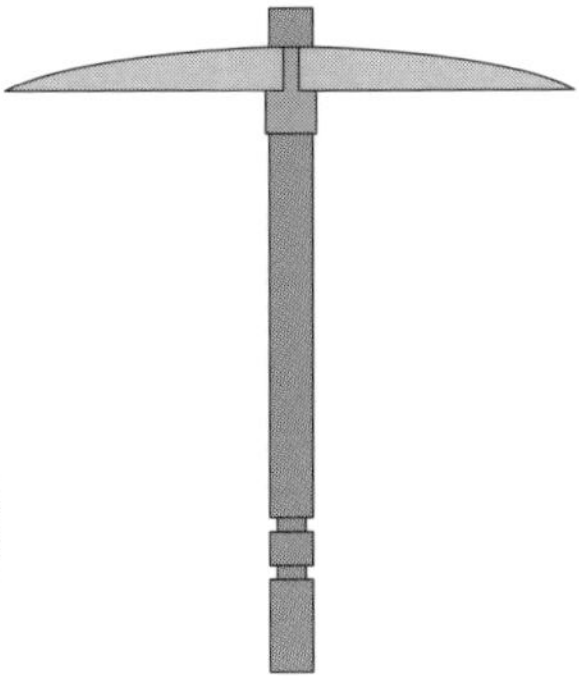

ツルハシ

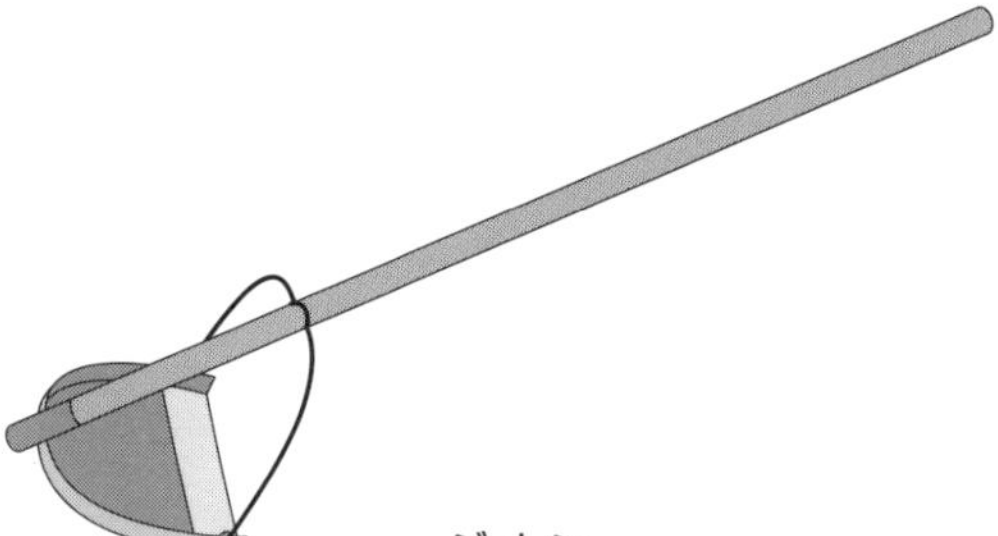

ジョレン

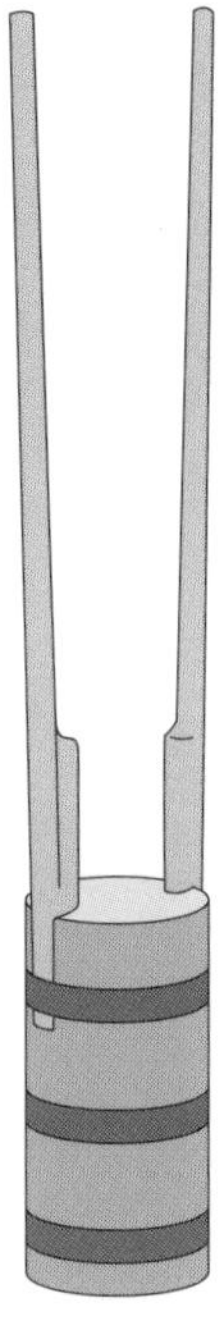

タコ

61 機械を使った施工

機械化施工によって、急速・大量施工が可能になった!

18世紀〜19世紀におきた産業革命は、土木工事における機械化施工の扉を開く道となると同時に、鉄道事業、自動車による道路事業など土木に新しい分野を生み出しました。それでも国内における土木工事のほとんどは、明治維新以降、先の大戦までほとんどが人の手によるものでした。高価な建設機械を導入するよりも作業員の賃金が安かったことが要因の1つです。

土木分野における機械化施工が大きく変化していったのは、戦後の復興事業から高度経済成長期における工事の急速・大量施工が求められたことです。もちろん、建設機械、特に重機関連の国産化によって比較的安価に入手できるようになったことと、コンクリートの製造、運搬において工場生産と新たな運搬方法（生コン車およびポンプ車の登場）が導入されたことによって、コンクリートの大量供給が可能となったことが大きく影響しました。さらに、ダムや道路建設においても重機土工が進められ、工期の短縮や省力化が進みました。例えば、ダンプトラックでは、1953（昭和28）年に着工した佐久間ダム建設においてアメリカから輸入した15トン積みが使用されましたが、その後建設が始まった御母衣ダム建設では20トン積み、九頭竜ダムでは27トン積みの輸入ダンプトラックが使用されました。国産では、1970（昭和45）年に32トン積みが開発され、1981（昭和56）年には78トン積みの生産が開始されています。さらに、1994（平成6）年に開港した関西新空港の工事では、埋立用土砂運搬に136トン積みの重ダンプトラックが使用されています。この他、ブルドーザなども国産化と大型化が進み、重機土工が推進されていきました。

機械化施工は、工期短縮や省力化の他にも品質の安定性や作業する人の安全性の確保にもつながっています。これからの土木工事では、さらなる発展のために自動化施工を推進していく必要があります。

要点BOX

- 機械化施工が本格的に始まったのは戦後
- 重機土工が工期短縮、省力化を可能にした
- 機械化施工の今後の課題は自動化施工

10トンダンプと重ダンプ(90トンダンプ)との比較

大型ブルドーザ

1970年以降に
国産の機械が
開発されたよ

62 AIを使った施工

人に代わってAIが現場で施工を行う？

日本の2022年の総人口は、1億2494万7000人となり、12年連続で減少しています。2050年には約9500万人まで減少すると予想されています。また、人口減少だけでなく少子高齢化が今後加速することから、30年後には働き手（労働者人口）も大幅に減少しますので、当然建設業に従事する労働者人口も大幅に減少し、工事を支えていた熟練技術者もいなくなっていくことになります。さらに、高度経済成長期に整備した膨大なインフラストックに対して、現在長寿命化対策を講じていますが、近い将来、大規模更新を行う必要がでてくることは確実です。その際、その担い手となる土木に従事する人材が不足することは明らかです。そこで、建設業界での担い手不足解消とこれまで保持してきた技術を維持していくための方策として着目しているのが、建設業へのAI技術やIoTの導入です。

AI（Artificial Intelligence、人工知能）は、人が活動するために脳内で行っている情報処理をコンピュータ上で再現したものです。このAIが行動の認識、推測、判断を行うにあたって、与えられた膨大なデータから規則性や指標を導き出して次の行動に移すための情報処理ネットワーク作業を構築するのが機械学習（Machine Learning）になります。これは、赤ん坊が周囲の環境や他の人（主に親）から色々な刺激を受けて失敗など繰返しながら学習していき、やがて自らの活動能力（立ったり、歩いたり、喋ったりすること）を取得するのによく例えられます。

これまでに建設業にAI技術を適用したものとしては、AIを使った構造設計、運搬ロボット、溶接ロボット、シールド工事へのAI活用、建設機械の自動運転、空間制御システムなどがあります。

まだ、これらのシステムは要素技術の域を超えていませんが、人に代わってAIが現場の施工を行うのもそう遠くないかもしれません。

要点BOX

- ●建設業での担い手不足は深刻な問題
- ●建設業へのAI技術の活用
- ●建設業へのAI技術やIoTの導入

人口ピラミッド(2022年)

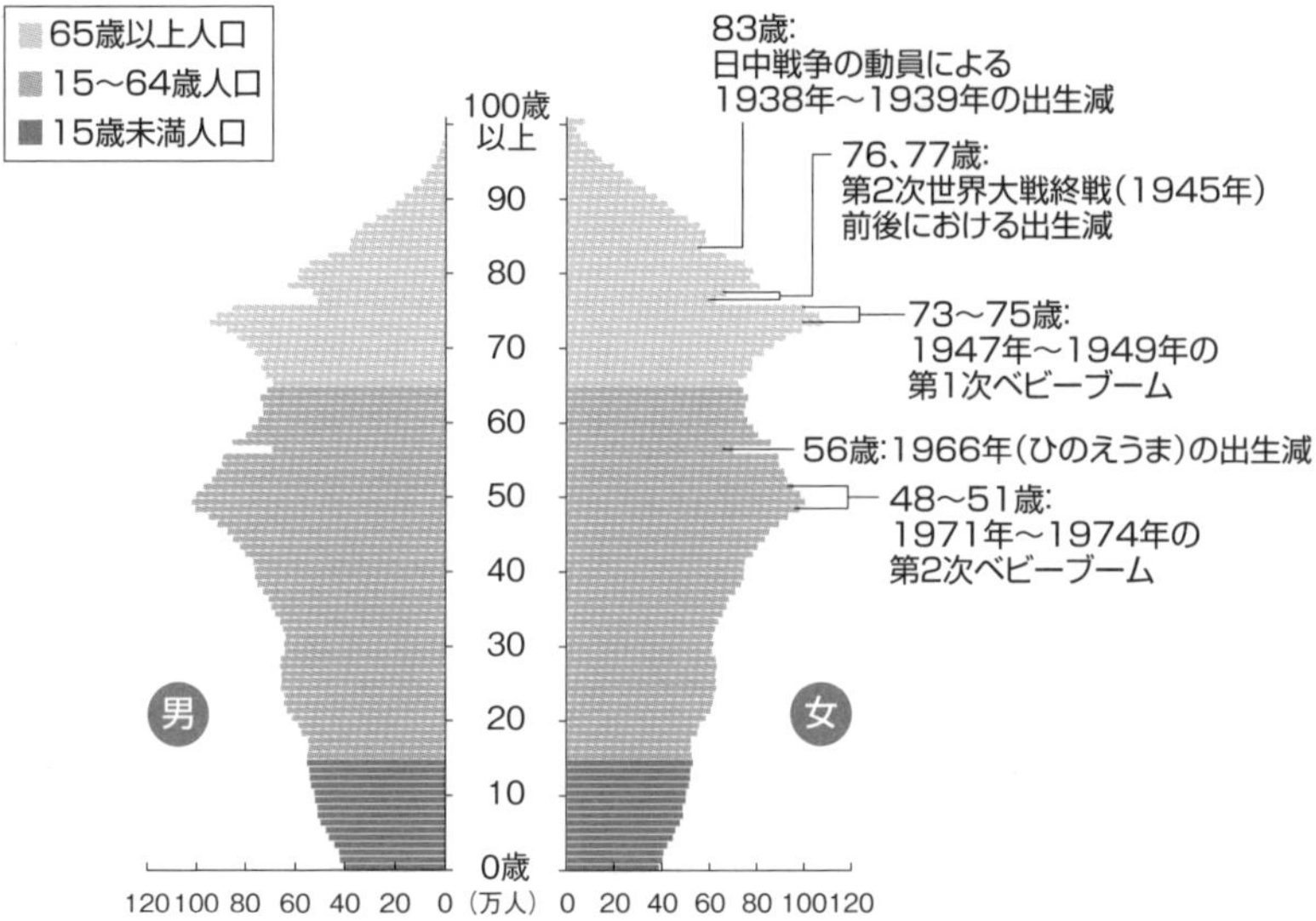

出典:総務省統計局「人口推計(2022年(令和4年)10月1日現在)」
(https://www.stat.go.jp/data/jinsui/2022np/index.html)

国土交通省が選定した「AI、IoTを始めとした新技術等を活用して土木工事における施工の労働生産性の向上を図る技術」の1つ

コンソーシアム 鹿島建設、アクティオ、サイテックジャパン、渋谷潜水工業、No10ハイドロシステム開発

試行場所 大河津分水路新第二床固改築Ⅰ期工事

河床掘削時にマシンガイダンス機能によるバックホウ台船のバケット刃先の位置把握と、マルチビームソナーによるリアルタイム河床可視化を組み合わせる事で不可視部をモニター上で可視化して掘削作業を行うことが出来る。

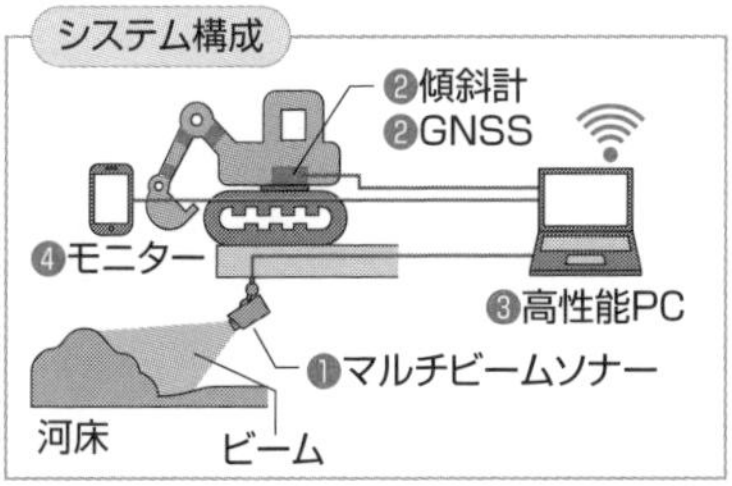

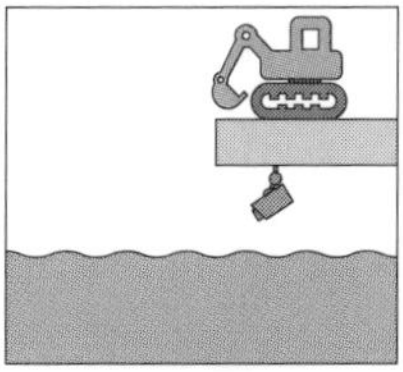

ビーム照射前

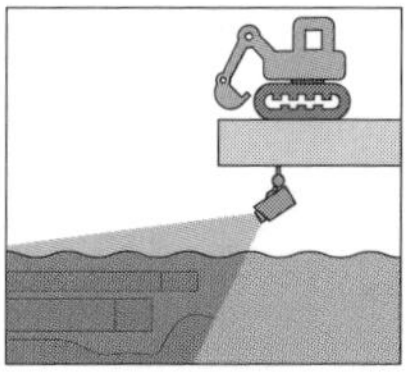

ビーム照射後

ビーム照射による河床の把握
突起部が掘削された ・河床に埋め戻りがあり高くなった

出典:サイテックジャパン株式会社ウェブサイト
(https://www.sitech-japan.com/stj/news/detail.html?rid=137)をもとに作成

63 ロボットを使った施工

建設機械が自律・自動運転する時代

ロボットというと、人の形をした機械で、自ら行動をして会話ができたりするものというイメージがあります。しかしながら、工場での組立て機械は反復作業ではありますが、複雑な動作を行うことができ、産業用ロボットという名称で呼ばれています。最近では、自律制御できる機械（自動運転など）もロボットの範疇に入っているようです（お掃除ロボットなどとよばれているものもその一例）。

日本工業規格（JIS）では、産業用ロボットを「自動制御によるマニピュレーション機能又は移動機能を持ち、各種の作業をプログラムによって実行できる、産業に使用される機械」と定義しています。また、ロボット政策研究会報告書（2006（平成18）年）では「センサ、知能・制御系、駆動系の3つの要素技術を有する、知能化した機械システム」と定義しています。

こうしてみると、建設業におけるロボットは作業工程において自動的かつ連続的に行える機械もしくは機器ということになるのではないでしょうか。したがって、オペレータが搭乗する建設機械（ブルドーザやショベルカーなど）はロボットではなく、無線操縦などの遠隔操作や自律型の動作ができる建設機械はロボットということになります。

最近では、自動化された建設機械が自律・自動運転し、わずかな人員で多数の機械を同時に稼働させる建設生産システムが開発されています。このシステムは、従来の無線操縦による遠隔操作とは異なり、人がタブレット端末で複数の建設機械に作業計画を指示するもので、無人で自動運転を行うものであり、まさにロボットによる施工といえます。

土木の現場では、人が行うような細かな作業を行う自動機械はまだありませんが、溶接ロボットや運搬ロボットなどがある程度自動化され、自律した行動がとれる建設機械も増えてきています。近い将来、無人の建設現場が登場するかもしれません。

要点BOX

- 無線操縦などの遠隔操作や自律型の動作ができる建設機械はロボットといえる
- いずれ無人の現場が実現するかもしれない

産業用ロボット

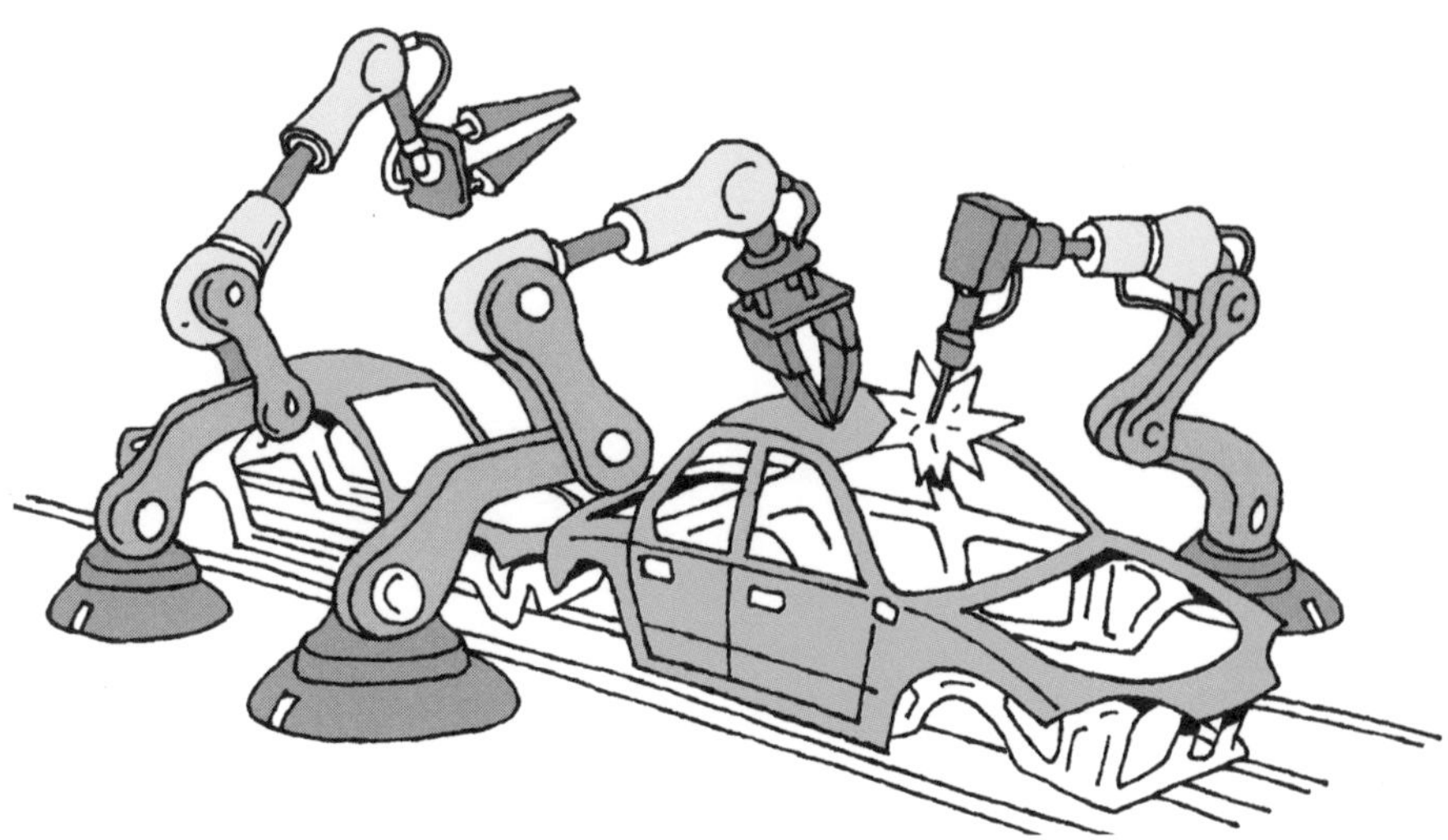

自律・自動運転する建設機械

64 地球外での施工

宇宙産業に土木が挑む！

　土木の始まりがいつかはわかりませんが、人が道具を手にし、住まいを造り、作物を自ら栽培するために田畑を耕したり、作物を育てるために水を引いたり、集団で定住した生活を営むようになった頃からかもしれません（農耕が始まったのは約1万年前からだといわれています）。やがて四大文明に代表されるような古代国家が形成されると、ピラミッドのような巨大建造物や巨大運河、長大な城壁などを築くような土木事業が行われるようになりました。その後、人類は産業革命で蒸気機関というあらたな道具（建設手段）を手にし、内燃機関などの発明でそれまで人力に頼っていた土木工事は、機械を使って少ない人数で短時間に巨大構造物を構築できるようになりました。現在は、それらの建設機械を人の手で動かすのではなく、自ら行動する建設ロボットによって土木事業が行われようとしています。さらに、土木事業は最後のフロンティアと呼ばれる深海へのアプローチを行おうとしています。高水圧下での工事であれば、自律・自動運転する自動化された建設機械が活躍することになります。

　この自律型の動作ができる建設機械ロボットによる施工技術を生かして、国立研究開発法人宇宙航空研究開発機構（ＪＡＸＡ）と大手建設会社が手を組んで月や火星において無人化・自動化した建設作業の実現を目指しています。この計画では、２０４０年までに火星で長期間滞在可能な拠点建設を目指し、２０３０年までに月面での長期間滞在可能な施設の構築を目指しています。

　宇宙エレベーターは、地上から静止軌道以上まで延びる構造物に沿って運搬機が上下して、宇宙と地球の間の物資を輸送できるものです。赤道の海洋上に地上側の拠点を設け、９万６０００㎞にカウンターウエイトを設ける構造です。宇宙エレベーターは、まさに土木がこれから目指す海と宇宙を繋ぐプロジェクトといえます。

要点BOX

- ●深海へのアプローチ
- ●自動化された建設ロボットが宇宙に挑む
- ●深海と地球外での土木事業

月面での建設作業

出典:鹿島建設株式会社ウェブサイト「A4CSEL for Space」
(https://www.kajima.co.jp/tech/c_a4csel/space/index.html)

宇宙エレベーター(アースポート)

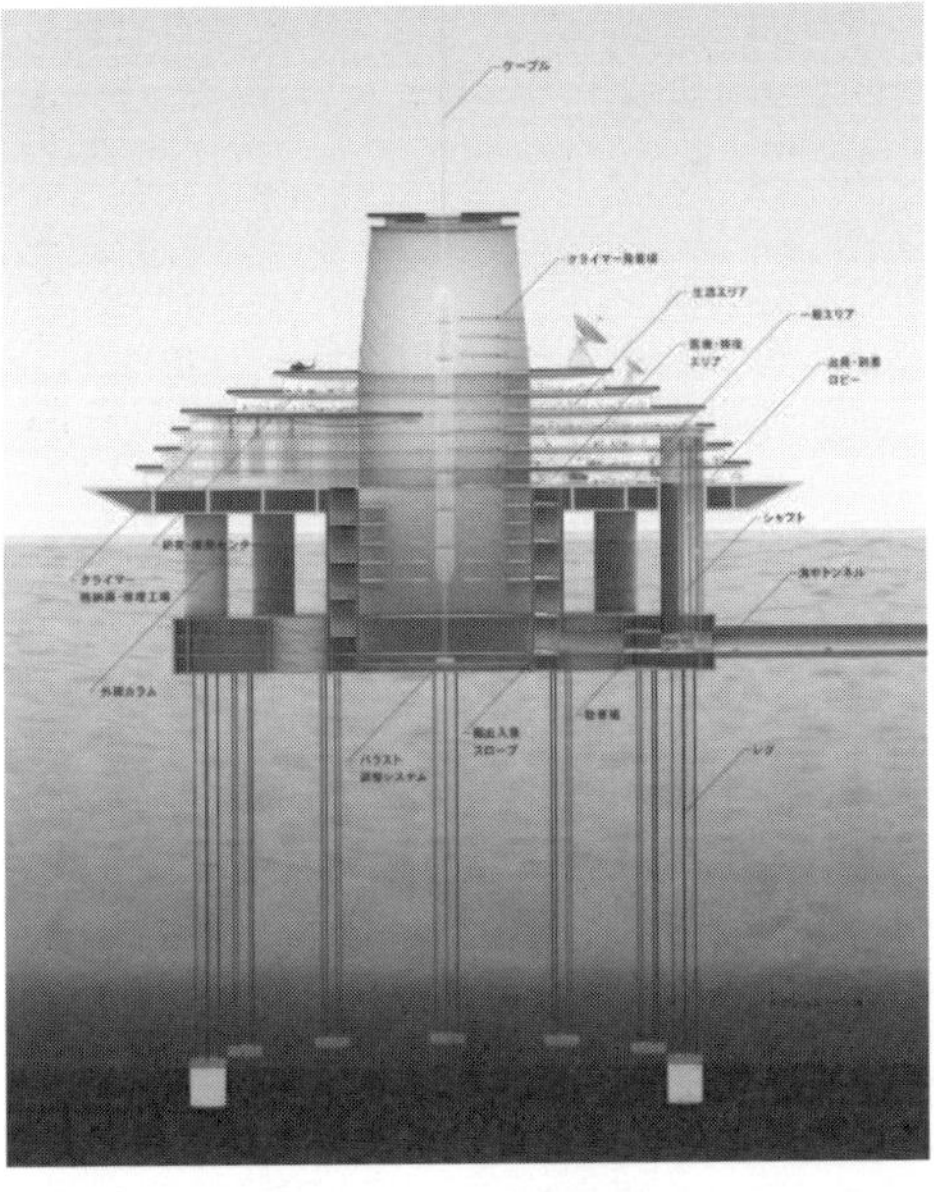

出典:大林組「宇宙エレベーター建設構想」、季刊大林 No.53「タワー」 2012
(https://www.obayashi.co.jp/kikan_obayashi/upload/img/053_IDEA.pdf)

Column

岡村甫

　岡村甫氏（1938年、高知県出身）は、東京大学工学部土木工学科を1961年に卒業後、大学院に進学し、1966年に博士号を取得しています。その後、大学に残り、1982年に教授に就任しています。1999年に東京大学退官後、高知工科大学に移り、2001年には学長に就任しています。また、1999～2000年まで第87代土木学会会長を務めています。

　岡村氏は、コンクリート工学の分野で数多くの業績を残しています。その中で、岡村氏が1980年代後半から研究を進めていた締固め不要コンクリート（当初は、ハイパフォーマンスコンクリートと命名されていましたが、同時期に海外で高強度コンクリートが同じ名称で発表されたことから、自己充填コンクリート（SCC：Self Compacting Concrete）と改名している）は、日本が世界に発信した全く新しいコンクリートです。

　岡村氏は、1979年に西ドイツから技術導入された水中不分離性コンクリートの開発を手掛けた日本の建設会社の1981年に行われた公開実験で、そのセルフレベリング性の高さを見て、締固め不要コンクリートのヒントを得たという話を聞いたことがあります。

　SCCは、コンクリートを締固めすることなく、鉄筋や埋設物などの障害物間を流動し充填できるコンクリートです。岡村氏は、SCCの実用化および普及を目指して、使用材料、配合設計手法の開発を行うとともに、コンクリート製造から施工に至るまでの新しいシステムの開発を行うことを目的とした検討をしました。それは、フレッシュコンクリートの性状のみならず、フレッシュコンクリートの試験法や力学特性、耐久性に至るまで検討されています。

　また、SCCの配合設計システムと所要の耐久性を満足しているかどうかを照査する耐久性照査システムからなる材料設計システムの構築まで行っています。

　さらに、材料、設計詳細、施工を総合的に評価することにより、耐久性を評価できるコンクリート構造物の耐久性設計の構築を目指し、コンクリート構造物のフレッシュな状態から硬化、劣化に至るまでの各段階の挙動解析を行えるシミュレーション手法を開発し、建設時から長期までを連続させたコンクリート材料と構造力学挙動を有機的に結びつけた総合評価手法を開発しています。海外では、欧米を中心にSCCを新しい施工技術として取り入れています。

【参考文献】

・コンクリート技術の要点、22、公益社団法人　日本コンクリート工学会編、全439頁、2022年9月

・2017年制定コンクリート標準示方書【施工編】、土木学会コンクリート委員会コンクリート標準示方書改訂小委員会編、全384頁、2018年3月

・物語日本の土木史、長尾義三著、鹿島出版会、全287頁、1985年1月

・橋りょう基礎工事におけるマスコンクリートの寒中施工、小渡敏彦、石川博之、丹野次男、間処勝彦、コンクリート工学、Vol.26, No.12, pp.22-29, 1988年12月

・厳寒地におけるPC斜張橋の片持ち張出し施工、葛西泰弘、神山繁、池田隆、田中茂義、コンクリート工学、Vol.33, No.8, pp.35-46, 1995年8月

・コスト・工期を考慮した工程計画に関する一考察、小櫃一己、福山雅典、小澤一雅、第19回建設マネジメント問題に関する研究発表・討論会講演集、pp.35-39, 2001年11月

・建設工事の費用と工期に対する契約構造の役割のモデル分析、小路泰広、建設マネジメント研究論文集Vol.9, pp.163-166, 2002年

・建設工事における適正な工期の確保に向けて、国土交通省不動産・建設経済局建設業課、全15頁、2023年5月

・コンクリート機械の変遷（4）、機械部会　コンクリート機械技術委員会、建設機械施工、Vol.66, No.6, pp.81-88, 2014年6月

・コンクリート機械の変遷（7）、機械部会　コンクリート機械技術委員会、建設機械施工、Vol.66, No.9, pp.101-112, 2014年9月

・コンクリート機械の変遷、（一社）日本建設機械施工協会　機会部会　コンクリート機械技術委員会、建設機械施工、Vol.71, No.11, pp.127-134、2019年11月

・隅田川の復興橋梁に対する当時の人々の印象について、成田和生、二井昭佳、第36回土木学会関東支部技術研究発表会、Ⅳ-24、2009年5月

・帝都復興事業における隅田川六大橋の設計方針と永代橋・清洲橋の設計経緯、中井祐、土木史研究論文集Vol. 23, pp.13-21、2004年

・明石海峡大橋1Aアンカレイジにおける高流動コンクリートの施工と品質管理、糸日谷淑光、徳永剛平、斉藤哲男、西村徹也、コンクリート工学、Vol.33, No.2, pp.38-46、1995年2月

・明石海峡大橋海中基礎工事における超大型ケーソンの設置、加島聰、坂本光重、鈴木幹啓、樋口康三、土木学会論文集No. 581/VI-37, pp27-37　1997年12月

・土木事業における地質・地盤リスクマネジメントのガイドライン、国土交通省大臣官房 技術調査課、国立研究開発法人 土木研究所、土木事業における地質・地盤リスクマネジメント検討委員会、全69頁、2020年2月

・道路橋における基礎の施工法と設計法の変遷、七澤利明、国土技術政策総合研究所資料No.1174、全59頁、2021年10月

・切羽前方地山予測を目的とした傾斜計測手法の適用範囲と定量的評価検討、坂井一雄、谷卓也、青木智幸、岸田潔、土木学会論文集（F1）、Vol.77, No.1, pp.76-91、2021年

・山岳トンネルの切羽崩落予測システム、小泉悠、伊達健介、横田泰宏、

建設機械施工、Vol.67, No.5, pp.15-18、2015年5月
・超高強度繊維補強コンクリートを用いた新しいウェブ構造を有する箱桁橋に関する研究、永元直樹、片健一、浅井洋、春日昭夫、土木学会論文集E、Vol.66, No.2, pp.132-146、2010年4月
・超高強度繊維補強コンクリートを用いた新しいウェブ構造に関する研究、片健一、玉置一清、永元直樹、春日昭夫、プレストレストコンクリート技術協会第16回シンポジウム論文集、pp.7-10、2007年10月
・PVA繊維を用いた超高強度繊維補強コンクリートの材料特性、濱口祥輝、前田宏樹、東山浩士、松井繁之、コンクリート工学年次論文集、Vol.37, No.1, pp.295-300、2015年7月
・世界最高強度を発現するコンクリートの開発ならびに更なる性能向上の可能性、河野克哉、森香奈子、多田克彦、田中敏嗣、コンクリート工学、Vol.54, No.7, pp.702-709、2016年7月
・萱生川橋梁の設計・施工、大熊光、森川陽平、谷村幸裕、中野誠嗣、プレストレストコンクリート技術協会　第20回シンポジウム論文集、pp.263-266、2011年10月
・高橋敏五郎と木コンクリート橋、畑山義人、井上雅弘、菅原登志也、土木学会第65回年次学術講演会、CS4-13, pp.25-26、2010年9月
・プレストレスト木・コンクリート合成桁橋における新橋梁形式の提案、荒木昇吾、土木学会構造工学論文集Vol.57A, pp.890-899、2011年3月
・土木分野・複合構造の概要および国内指針、上田多門、コンクリート工学Vol.52, No.1, pp.4-13、2014年1月
・河川砂防技術基準 設計編 技術資料、国土交通省、2022年6月
・都市トンネル技術の現状と技術開発、今田徹、JICE REPORT vol.19, pp.67-73、2011年7月
・新桂沢ダムの温度応力対策について、梅津佳、蝶野誠一、福井直之、寒地土木研究所、2017年
・土木学会コンクリート標準示方書［施工編］における暑中コンクリートのあり方、谷口秀明、坂田昇、河野広隆、コンクリート工学、Vol.51, No.5, pp.378-383、2013年5月
・暑中期のコンクリート工事の施工性を改善できる新しい暑中コンクリート「サンワーク™」の開発、伊佐治優、桜井邦昭、大林組技術研究所報No.84, pp.1-8、2020年
・海上工事の荒天日定義と工期期間による作業船の供用係数の差異について、長野晋平，和田雅昭，的野賢司、内田智、田中修一、末永茂則、丹羽真、長野章、土木学会論文集B3（海洋開発）、Vol.76, No.2, pp.1606-1611、2020年
・港湾・空港工事の工期の設定に関するガイドライン、国土交通省港湾局・航空局、全51頁、2021年7月
・公共建築工事の発注者の役割解説書（第二版）、国土交通省大臣官房官庁営繕部、全80頁、2018年10月
・コンクリート橋のプレキャスト化ガイドライン、橋梁等のプレキャスト化及び標準化による生産性向上検討委員会、全37頁、2018年3月
・コンクリート機械の変遷(1)、機械部会　コンクリート機械技術委員会、建設機械施工Vol.66, No.3, pp.90-95、2014年3月
・教室Q&A、コンクリート工学、Vol.21, No.9, pp.94-96、1983年9月
・鉄筋コンクリートの歴史・鉄道構造物、松本嘉司、土木学会論文集第426号／V-14, pp.23-28、1991年2月

・コンクリート接合面のせん断伝達に関する研究、岡田武二、土木学会論文集／V-25, pp.73-82、1994年11月
・鉛直打継処理方法の違いがコンクリートの直接引張強度およびせん断強度に及ぼす影響、榎原彩野、村上祐治、木村聡、諌山吾郎、コンクリート工学年次論文集、Vol.36, No.1、2014年7月
・「仮設構造物（土留め工）」のはなし④、荒井幸夫、JCMマンスリーリポート、Vol.17, No.4, pp.20-21、2008年7月
・「仮設構造物（土留め工）」のはなし③、荒井幸夫、JCMマンスリーリポート、Vol.17, No.3, pp.19-20、2008年5月
・外環ジャーナル、東京外環プロジェクト、https://www.ktr.mlit.go.jp/gaikan/pi_kouhou/panfu_journal02.html
・よくわかる建設作業振動防止の手引き、環境省環境管理局大気生活環境室、全24頁
・コンクリートダムの施工の変遷、水越達雄、土木学会論文集第384号／V-7, pp.1-10、1987年8月
・コンクリートダムにみる戦前のダム施工技術、松浦茂樹、土木史研究第18号、pp.569-578、1998年5月
・技術者の言説からみた近代日本におけるコンクリートダム技術の変遷、樋口輝久、三木美和、馬場俊介、土木史研究論文集Vol.23, pp.117-133、2004年
・江戸時代の水路トンネル開削の技術、高瀬和昌、Journal of JSIDRE, pp.1167-1172、1987年12月
・徳川期大坂城石垣の石積み施工技術に関する考察、天野光三、佐崎俊治、落合東興、川崎勝巳、金谷善晴、西川禎亮、土木史研究第16号、pp.619-626、1996年6月
・港湾計画思想の歴史的変遷、長野正孝、第8回日本土木史研究発表会論文集、pp.253-263、1988年6月
・建機の歩み、大川聰、季刊新日鉄住金Vol.22, pp.4-7、2018年6月
・建設機械の歴史、岡本直樹、建設の施工企画、pp.37-43、2008年1月
・写真でたどる建設機械200年、大川聰、建設の施工企画、pp.25-29、2009年1月
・自動運転の実現に向けた国土交通省の取り組み　参考資料、国土交通省、https://www.mlit.go.jp/common/001227121.pdf
・建設現場が無人化する日に向けて、岩見吉輝、土木研究所、www.pwri.go.jp/jpn/about/pr/event/2020/1021/pdf/kouen6.pdf
・自動化による建設施工の革新とその展望、浜本研一、計測と制御第60巻第7号、pp.504-508、2021年7月
・建設業における労働災害の発生頻度に関する一考察、玉手聡、土木学会第70回年次学術講演会VI-195、pp.389-390、2015年9月
・土木工事共通仕様書、国土交通省、全654頁、2022年3月
・土木設計業務等共通仕様書（案）、国土交通省、全50頁、2019年3月
・発注関係事務の適切な実施のために取り組むべき事項、国土交通省、https://www.mlit.go.jp/tec/content/001338842.pdf
・雲仙普賢岳における無人化施工について、松井宗広、新砂防Vol-47 No.1, pp.51-53、1994年5月
・雲仙・普賢岳における無人化施工技術、糸山国彦、西島純一郎、平澤太地、土木技術資料60-7、pp.42-45、2018年
・石の技、日本造園組合連合会、https://jflc.or.jp/media/niwa_

navi/2017 0327_1338_35_0355.pdf
・重ダンプトラックの変遷史、岡本直樹、建設機械施工Vol.71, No.1, pp.77-84、２０１９年１月
・ブルドーザの誕生、岡本直樹、建設機械施工Vol.68, No.1, pp.78-87、２０１６年１月
・建設産業の現状と課題、国土交通省、https://www.mlit.go.jp/common/ 001149561.pdf
・ＡＩを活用した建設生産システムの高度化に関する研究、国土交通省、https://www.mlit.go.jp/tec/gijutu/kaihatu/pdf/h29/170725_06jizen.pdf
・セメントの歴史、森仁明、コンクリート工学、Vol.16, No.5, pp.78-85、１９７８年５月
・貝におそわったトンネル工法―シールド工法、鈴木哲也、開発土木研究所月報No.443, pp.25-26、１９９０年４月
・ＮＡＴＭの特徴、構造研究室　佐藤京、開発土木研究所月報No.495, pp.42-44、１９９４年８月
・山岳トンネル工法の今昔、横田高良、土木学会論文集第３４９号／Ⅵ―１、pp.91-96、１９９４年９月
・コンクリートの発展、山口廣、毛見虎雄、渡辺明、笠井芳夫、コンクリート工学、Vol.18, No.2, pp.58-67、１９８０年２月
・コンクリートに夢を託したフランス技術者の系譜、北河大次郎、コンクリート工学、Vol.47, No.1, pp.61-63、２００９年１月
・19世紀フランスにおける鉄筋コンクリート橋の受容過程、本田泰寛、小林一郎、ミシェル・コット、土木史研究講演集Vol.25, pp.67-71、２００５年
・欧州における鉄筋コンクリート技術の歴史的変遷、鈴木圭、山下真樹、土木史研究講演集Vol.25, pp.1-13、２００６年
・K.Terzagi、斉藤迪孝、土と基礎、31-11 (310), pp.43-50、１９８３年１１月
・水中不分離性コンクリートの海中ＲＣ構造物への適用性に関する研究、本橋賢一、大野俊夫、鈴木基行、土木学会論文集E2, Vol.70, No.2, pp.153-165、２０１４年
・フレシネー工法、プレストレストコンクリート、Vol.19, No.3, pp.26-29、１９７７年６月
・プレストレストコンクリートの歴史と展望、猪股俊司、コンクリート工学、Vol.16, No.6, pp.2-7、１９７８年６月
・プレストレストコンクリートの材料・施工の進歩、樋口芳朗、コンクリート工学、Vol.16, No.6, pp.18-40、１９７８年６月
・コンクリートの活用による橋梁技術の展開、池田尚治、土木学会論文集No.616／Ⅵ-42、pp.1-11、１９９９年３月
・ウィトルウィルス建築書、森田慶一、東海大学出版会、全３６９頁、１９７９年９月
・大厦成る、広瀬鎌二、彰国社、全３４８頁、１９９９年１２月
・旅の勧進聖 重源、中尾尭、吉川弘文館、全２０９頁、２００４年７月

な

は

ま

や

ら

索引

英数

あ

か

今日からモノ知りシリーズ
トコトンやさしい
土木施工の本

NDC 513

2024年1月31日　初版1刷発行

©著者　溝渕 利明
発行者　井水 治博
発行所　日刊工業新聞社
東京都中央区日本橋小網町14-1
(郵便番号103-8548)
電話　編集部　03(5644)7490
販売部　03(5644)7403
FAX　03(5644)7400
振替口座　00190-2-186076
URL　https://pub.nikkan.co.jp
e-mail　info_shuppan@nikkan.tech
印刷・製本　新日本印刷(株)

●DESIGN STAFF
AD――――――志岐滋行
表紙イラスト―――黒崎　玄
本文イラスト―――榊原唯幸
ブック・デザイン ――黒田陽子
角　一葉
(志岐デザイン事務所)

●
落丁・乱丁本はお取り替えいたします。
2024 Printed in Japan
ISBN　978-4-526-08318-1　C3034

●著者略歴
溝渕　利明(みぞぶち　としあき)

法政大学デザイン工学部都市環境デザイン工学科教授
専門分野：コンクリート工学、維持管理工学

●略歴
1959年　岐阜県生まれ
1982年　名古屋大学工学部土木工学科卒業
1984年　名古屋大学大学院工学研究科土木工学専攻修了
1984年　鹿島建設(株)に入社、技術研究所に配属
1993年　広島支店温井ダム工事事務所に転勤
1996年　技術研究所に転勤
1999年　LCEプロジェクトチームに配属
2001年　法政大学工学部土木工学科・専任講師
2003年　法政大学工学部土木工学科・助教授
2004年　法政大学工学部都市環境デザイン工学科・教授
2007年　法政大学デザイン工学部都市環境デザイン工学科・教授
2013年　公益社団法人日本コンクリート工学会・理事
2016年　一般社団法人ダム工学会・理事

●主な著書
「今日からモノ知りシリーズ　トコトンやさしい土木技術の本」日刊工業新聞社、2021年
「よくわかるコンクリート構造物のメンテナンス　長寿命化のための調査・診断と対策」日刊工業新聞社、2019年
「今日からモノ知りシリーズ　トコトンやさしいダムの本」日刊工業新聞社、2018年
「図解絵本　工事現場」監修、ポプラ社、2016年
「コンクリート崩壊」PHP新書、2013年
「見学しよう工事現場1～8」監修、ほるぷ出版、2011年～2013年
「コンクリートの初期ひび割れ対策」共著、セメントジャーナル社、2012年
「モリナガ・ヨウの土木現場に行ってみた!」監修、アスペクト、2010年
「土木技術者倫理問題」共著、土木学会、2010年
「基礎から学ぶ鉄筋コンクリート工学」共著、朝倉書店、2009年
「コンクリート混和材料ハンドブック」(第6章第4節マスコンクリート)、エヌ・ティー・エス、2004年
「初期応力を考慮したRC構造物の非線形解析法とプログラム」共著、技報堂出版、2004年